振知拙见
——工程振动控制作品集

张　頔　胡明祎◎编著

U0177604

中国电力出版社
CHINA ELECTRIC POWER PRESS

图书在版编目（ＣＩＰ）数据

振知拙见：工程振动控制作品集 / 张顿，胡明祎编著 . —北京：中国电力出版社，2022.12
ISBN 978-7-5198-7366-0

Ⅰ．①振… Ⅱ．①张…②胡…Ⅲ．①工程振动学Ⅳ．①TB123

中国版本图书馆 CIP 数据核字（2022）第 243169 号

出版发行：中国电力出版社
地　　址：北京市东城区北京站西街 19 号（邮政编码 100005）
网　　址：http://www.cepp.sgcc.com.cn
责任编辑：王晓蕾（010-63412610）
责任校对：黄　蓓　郝军燕
装帧设计：张俊霞
责任印制：杨晓东

印　　刷：北京瑞禾彩色印刷有限公司
版　　次：2024 年 6 月第一版
印　　次：2024 年 6 月北京第一次印刷
开　　本：889 毫米 ×1194 毫米　16 开本
印　　张：9.75
字　　数：280 千字
定　　价：98.00 元

前言

随着我国经济进入高质量发展阶段，城市群综合建设也快速进入了集约化、绿色化、智能化时代。各类设施的建设运行与环境保护之间的冲突越来越显著，环境振动与噪声危害突显，振动控制技术既面临发展带来的机遇，也面临创新带来的挑战。如建筑毗邻地铁、城市枢纽跨越高铁、变电站地铁上盖、动力站房上楼、古建文物近处施工等，均存在不同程度和类型的振动危害。工程振动污染问题越来越普遍，且影响面越来越广泛，相关控制需求便随之增加。面对上述形势，加强工程振动控制项目应用研究、成果转化、技术推广，是当前工程振动控制领域的重要工作。

本书在全面考量近年来国内外重大振害现象和教训的基础上，聚焦工程案例本身，发掘问题关键部位，旨在使读者直观地了解振动控制在多类型工程中的新理论、新产品、新应用。未来团队将深入开展振动评估、监测预警、减隔振设计、振动控制装置等方面的研究，力争在各类工程振灾振害防御领域和振动监测等方面取得新的突破和创新，逐步解决现代化发展中面临的环境振动污染问题，提升建筑与装备的健康服役和安全运行性能。

此部作品集从创作之初至此，每个案例都伊始于一纸一笔，每个案例亦经历数次修改与打磨，最终得以三维方案的形式呈现，这背后凝聚了国机振控团队全体成员的智慧与汗水，在此一并感谢。

　　此书稿仅作为作者对于工程振动控制领域的一点浅知拙见，若有不妥，敬请斧正。

编著者

2024 年 5 月

目录

板块一　建筑工程减振抗震

某中学上跨地铁减振抗震

500kV 高压电抗器减振抗震

枢纽跨交互高铁减振抗震

北京市某幼儿园减振抗震

高铁上盖变电站减振抗震

北京某枢纽工程减振抗震

某中学上跨地铁
减振抗震

案例概况

北京市某中学高中分校区，规划用地性质为基础教育用地。建筑结构体系采用框架结构，基础形式为筏板基础。为了解决交通快速联系的问题，拟建的地铁纵向穿过该学校地块。

学校地下室筏板底标高为 -12.65m，距离地铁隧道垂直距离约 18m。受地铁影响，教学区内结构振动超标，无法进行正常的教学及科研工作，教学楼无法正常使用；且轨道运行长期振动会降低结构楼板的耐久性、缩短使用寿命，易引发结构安全事故。

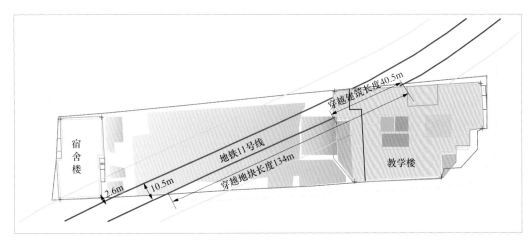

● 教学楼与拟建线路平面关系图

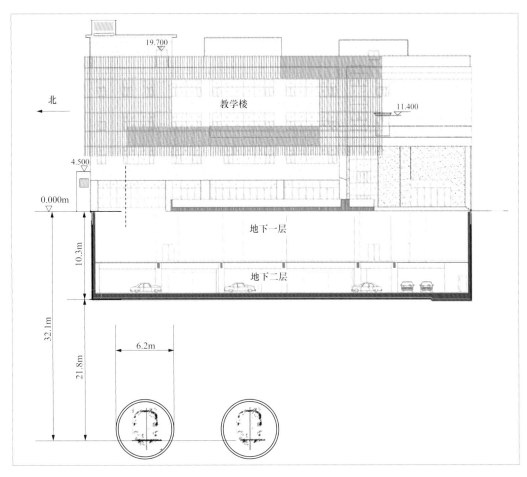

● 教学楼与拟建线路立面关系图

● 教学楼三维示意图一

● 教学楼三维示意图二

设计思路

　　该学校结构体系采用钢筋混凝土框架体系。减振系统以竖向隔振为主的解决方案——根据振动的特性，首先利用钢弹簧隔振器进行整体的系统的模态优化设计和隔振效果控制，在此基础上进行地震设防验算；当隔振器变形超限时，配置黏滞阻尼器限位和耗能，达到消除振动和地震危害的目的。

　　隔振层采用钢弹簧隔振器＋黏滞阻尼器组合隔振方案，既满足降低地铁振动要求，同时又满足隔振支座在地震作用下的性能要求。

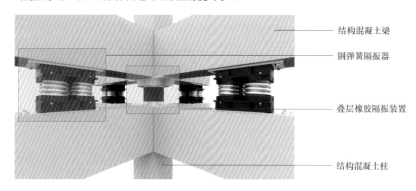

结构混凝土梁

钢弹簧隔振器

叠层橡胶隔振装置

结构混凝土柱

● 隔振装置方案图　　　　　　　　　　　● 黏滞阻尼器

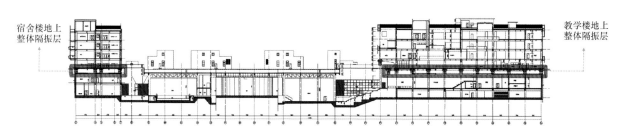

宿舍楼地上整体隔振层

教学楼地上整体隔振层

● 隔振层剖面示意图

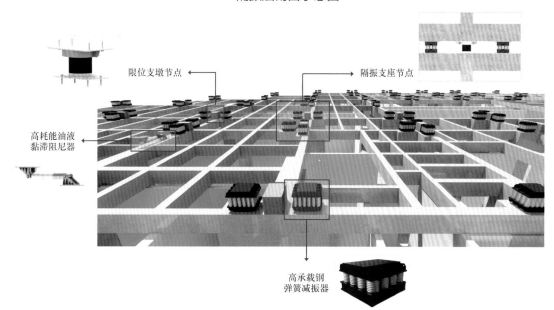

限位支墩节点

隔振支座节点

高耗能油液黏滞阻尼器

高承载钢弹簧减振器

● 混合装置隔振系统图

案例结论

序号	总　　结
1	采用钢弹簧隔振器支座可有效降低轨道交通振动对上盖建筑的影响，满足国家相关规范要求
2	在设防地震作用下，弹簧变形小于 40mm，此时上部结构仅由弹簧支撑
3	在罕遇地震作用下，弹簧变形最大值为 50mm，此时限位墩上的聚氨酯减振垫发挥作用
4	在罕遇地震作用下，结构四周钢弹簧隔振均处于受拉状态，在设计中需采取抗拉措施
5	通过设置黏滞阻尼器，在罕遇地震作用下，钢弹簧隔振支座水平最大变形小于 20mm

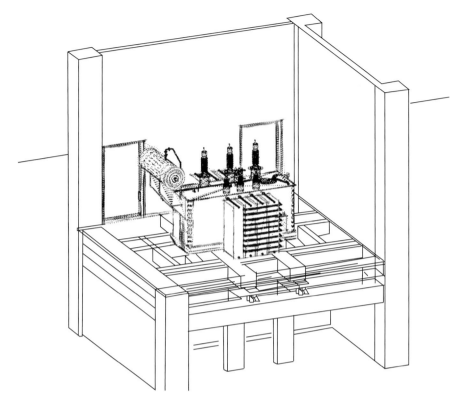

• 500kV 高压电抗器手绘图

500kV 高压电抗器
减振抗震

案例概况

    某工程拟在高烈度区建筑内部布设 6 台 500kV 高压电抗器。该设备是超高压电力工程中远距离输电的重要设备，用以补偿电容效应、控制电压、维持平衡。案例中所应用的并联高压电抗设备总重 83500kg。

关键难题

高烈度区隔震建筑内置 500kV 高压电抗设备振动控制问题；
高压电抗设备等高耸结构体系减振抗震性能设计问题。

电抗器振动产生因素

铁芯电抗器振动主要来源于铁芯、绕组、拉杆和压紧装置的振动，同时运行条件和制造、安装、工艺对电抗器振动噪声会产生影响：磁路饱和、漏磁过大导致主磁通量过大，产生不平衡电磁力，引起附加振动；生产制造过程中没有将电抗器固有频率同工频共振频率避开，引起电抗器振动；安装过程中产品质量问题导致铁芯柱高度不一致，内部紧固件夹力不够等，夹紧螺栓固定不牢，与支架、地基之间紧固件夹紧力不够等原因，导致振动过大。

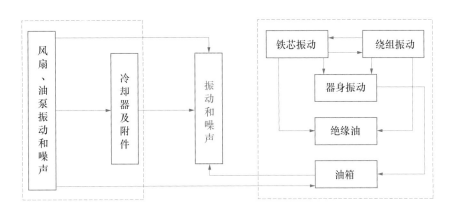

● 电抗器振动产生原理图

高压电抗器振动危害

500kV 并联电抗器放置在建筑结构的楼板上（即梁板结构上），正常运行过程中会产生不同程度的振动，振动通过支撑这些机器设备的梁板结构再传递到整体结构中，使整体结构产生一定的动力响应，会影响到室内工作人员的舒适度，甚至传递到其上某些楼层，引起其他人员的不适感。

📖 设计思路

针对大型高抗设备的质量和平面刚度分布不均、运行过程中空间振动强度不一致的问题，根据设备质量和刚度分布，合理布置阻尼器群，协调空间各方向的振动强度，使振动位移、加速度等特性趋于一致，提高控制效率。

案例采用可调节油液钢弹簧阻尼器，现场精确调节和控制高差，控制设备荷载作用下隔振器竖向位移达到同一水平，提升系统运行过程中的动力稳定性。

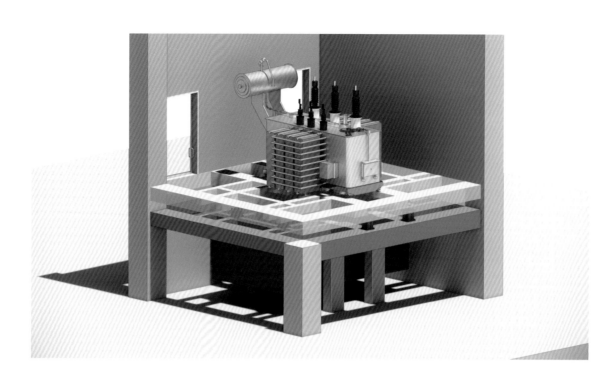

• 电抗器三维轴测图

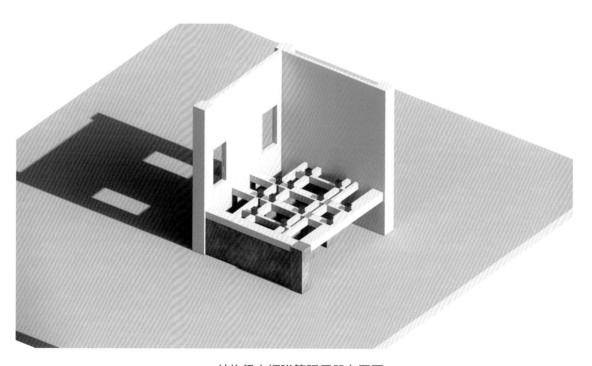

• 结构梁上钢弹簧阻尼器布置图

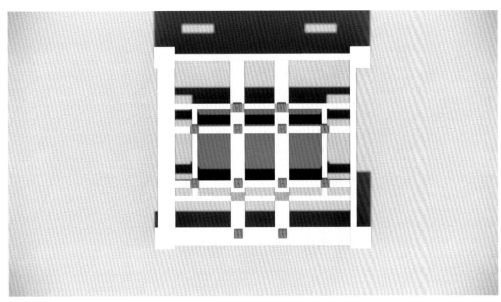

● 钢弹簧阻尼器布置俯视图

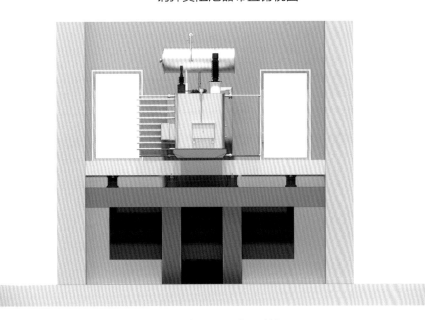

● 钢弹簧阻尼器布置前视图

案例结论

采用减振方案后，电抗器基础楼板的时域加速度响应预计可降低85%以上。

该减振方案可有效降低电抗器产生的振动，使楼板振动加速度响应满足设备和建筑正常使用限值要求。

枢纽跨交互高铁
减振抗震

📖 案例概况

　　某综合体和城市配套工程站位于一体化发展的衔接纽带地区，也是一体化发展示范区的门户枢纽。

　　工程充分利用现场地形，形成与站房紧密衔接的综合开发功能体。功能业态主要包含酒店、配套会议中心、公寓、集中商业区、快捷酒店、办公区、集散展示中心、长途车站、公交车站、地下车库、零售商业、城市通廊等。总建筑面积约 26.49 万 m²。

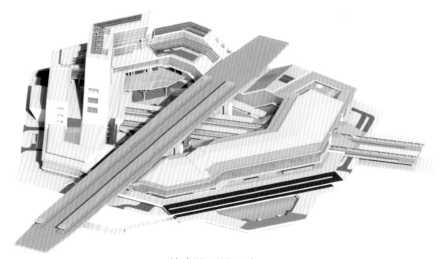

● 综合体三维示意图

　　案例对于振动噪声的控制在满足国家标准要求的前提下，以减少投诉为主要目标。在分析过程中，充分考虑了白天与夜间荷载的变化，并对控制标准进行了趋严和调整设计。由于考虑该工程中其他业态形式，如集中商业、长途车站等，均对振动噪声无特殊控制需求，则在模拟计算过程中主要针对酒店及配套会议中心、公寓、快捷酒店两栋建筑进行仿真模拟。结果表明，该工程主要受高铁运行影响导致振动噪声超标的重点区域为酒店及配套会议中心、公寓。

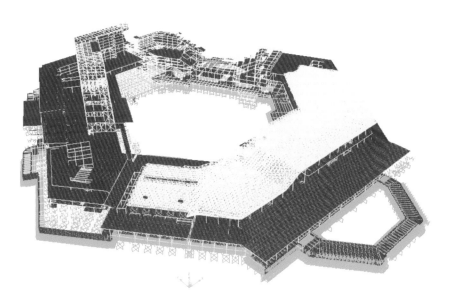

● 仿真模拟计算模型图

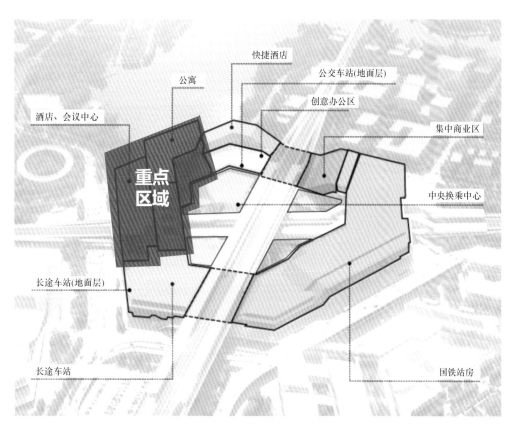

● 振动噪声超标重点区域

计算结果

标高 /m	对应楼层	Z 振级最大值 /dB
16.8	F4	80.4
20.7	F5	80.29
24.6	F6	82.14
28.5	F7	82.56
32.4	F8	80.47
43.3	F10	75.6
47.1	F11	77.55
50.9	F12	79.31
54.7	F13	80.57

振动噪声控制标准

室内振动按照《城市区域环境振动标准》（GB 10070—1988）的规定，白天 75dB 为控制标准，夜晚 72dB 为控制标准；二次辐射噪声按照《城市轨道交通引起建筑物振动与二次辐射噪声限值及其测量方法标准》（JGJ/T 170—2009）的规定，全天按照 38dB（A）为控制标准。

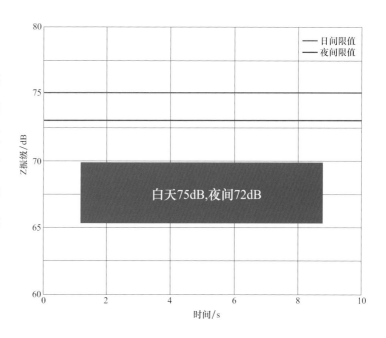

● 振动噪声控制标准图

案例难点

难点一：案例中，对于高架桥基础与建筑结构的筏板基础，二者之间通过刚性连接是否会将高架桥基础产生的振动全部传递至建筑结构上部或传递至局部位置的相关问题需要解决。

难点二：本案例应对不同超标房间，采用不同性能参数的浮筑隔振地板技术，对于原有不超标房间来说，可能会产生不同地面高差。

难点三：由于采用了阻尼墙辅助措施，可能会造成原建筑结构抗震性能及动力特性的变化，需要进行评估。

难点四：需要评估高铁运行对建筑结构的直接振动影响，以及固体传递产生的房间内二次辐射噪声影响。

📖 设计思路

在案例设计中，建立了振噪主辅控制策略，即以浮筑板为主隔振措施，以阻尼墙为优化补充措施；建立了减振降噪方案引起结构变化对建筑抗震性能影响的互校评估机制，确保减振降噪对建筑原有抗震性能有提升；控制容量设计中，通过浮筑板与阻尼墙的组合方式，设立了建筑未来服役环境变化冗余控制量，为 $-3\sim-1\mathrm{dB}$。

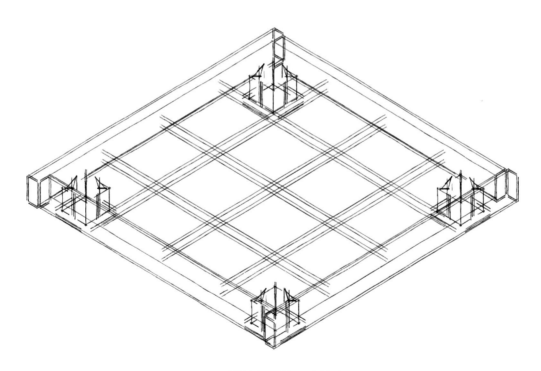

● 浮筑板模块设计线稿图

钢框架

钢筋

隐藏式隔振器

调平器

钢弹簧

模块搭接板

● 浮筑板模块三维示意图

● 阻尼墙三维示意图

在控制措施中，对于隔振型浮筑板的性能参数，设置了 4 个梯度，具体包括 N、H、R、S 个级别，实现对各楼层各房间进行精细化布设；对阻尼墙的设置，重点考虑在浮筑板协同下，当夜间的荷载增大、标准趋严情况下，有效补充减振降噪的控制力度；与结构动力参数优化相结合，共同形成"二位一体"的减振降噪措施。

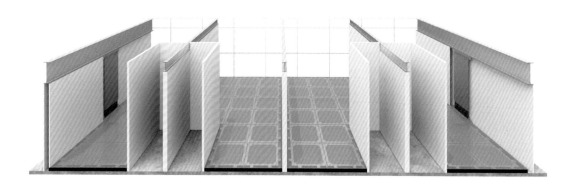

● "二位一体"方案三维示意图

在实施建造中，可以采用干湿结合施工方式（以干为主），提前做预埋、预留、预测，便于调节和固定；在浮筑板铺设方式上，采用标准化界面模块后处理方式进行，该方法也便于后期装修和改动。

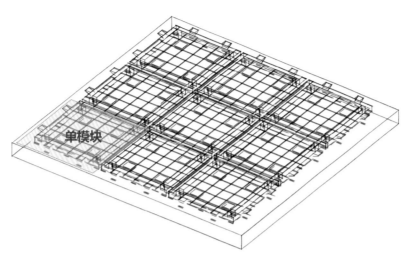

● 浮筑板模块化拼装手绘设计图

难点一解决思路

　　本案例中有两条高铁线路分别下穿于酒店及配套会议中心、公寓，上行于快捷酒店。高铁桥墩与建筑物基础筏板连接方式共分为两类：一类为基础筏板下翻边与桥墩基础进行刚性连接，筏板翻边与桥基之间预留缝隙，增加聚苯板进行防水；另一类为基础筏板下翻边与桥墩基础进行刚性连接，筏板翻边与桥基之间空隙采用轻集料混凝土回填。

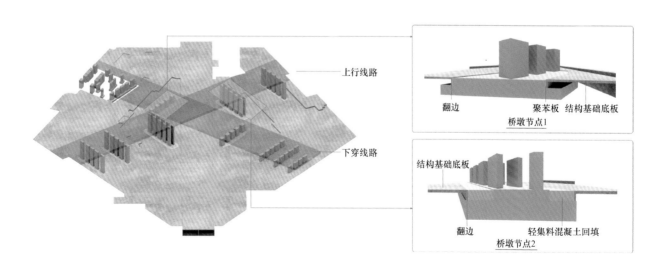

● 高铁桥墩与建筑物基础筏板连接方式示意图

针对难点一，本方案对于桥基与建筑结构筏板是否需要断开处理进行了模拟计算，模拟方案主要以下穿线路的其中一处桥墩为计算依据，分别建立桥墩、筏板基础连接和桥墩、筏板基础断开两种有限元模型开展动力响应分析，基础底面及侧面通过施加土弹簧的方式模拟桩和土体的约束。桥墩、筏板基础断开模型中，筏板和桥墩断开部分通过弹簧单元模拟其柔性连接。

通过计算分析评估高铁振动在筏板上的传递及衰减规律，并对比桥墩、筏板基础断开前后筏板顶面振动响应变化规律，最终得出结论：桥基和筏板可以直连浇筑，不用断开，对整个目标区的局部影响小于或等于 30%，对整个区域影响小于或等于 10%。

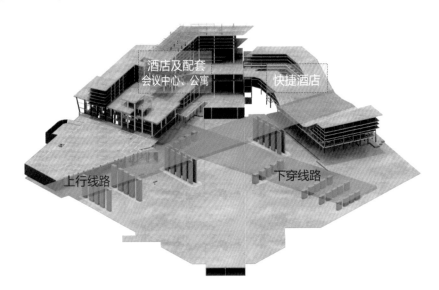

• 高铁与建筑关系三维示意图

• 高铁下穿酒店及配套会议、公寓

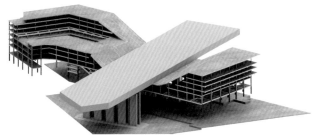

• 高铁上行于快捷酒店

难点二解决思路

根据计算结果并考虑节约造价，浮筑板应有差异的进行铺设，主要铺设于振动超标较严重的客房。由于浮筑板铺设于建筑面层与结构楼板之间，如不采取措施，会使得铺设浮筑板的房间地面与未铺设浮筑板的房间地面出现高差。

针对难点二，综合考虑造价、施工难易程度等多方面问题，对比多种处理方式，最终决定通过调整建筑面层厚度的方式来解决铺设浮筑板与不铺设位置的高差。

对于铺设浮筑板的房间，建筑面层顶部标高与未铺设房间一致，仅将面层厚度变薄，最终既不增加施工的复杂程度，也不影响房间内部功能使用。

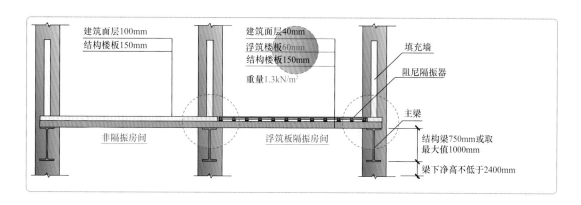

● 房间差异化铺设方案图

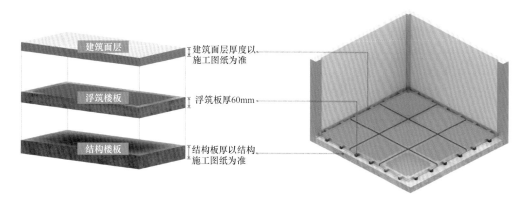

● 浮筑板铺设三维示意图

难点三解决思路

经过对阻尼墙方案进行反复优化与评估，阻尼墙最终采用后置式，梁上滑移（铰接）处理，只对局部薄弱处墙体增大阻尼效应，不与既有建筑结构功能或方案发生冲突，改变重量控制在单跨墙体质量的 5% 以内，对整体建筑的荷载改变量小于 1%。

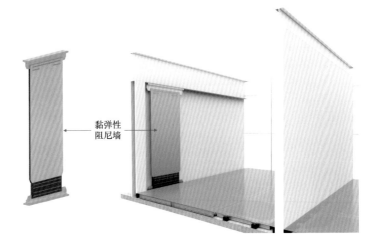

黏弹性阻尼墙 ←

• 阻尼墙布置三维示意

黏弹性阻尼墙通过连接构造，释放水平刚度和水平力，结构抗震分析时应认定为非结构构件，不影响现有抗震计算结果。

难点四解决思路

针对由高铁运行带来的振动直接造成的室内二次辐射噪声影响，经对建筑内各层、各片区进行精细化数据提取，计算分析后，采用浮筑板 + 阻尼墙方式，提升预留冗余约 5dB。

酒店公寓第 4 层建筑房间振动与二次辐射噪声控制评估方案信息表

控制标准：室内振动按照《城市区域环境振动标准》白天 75dB，夜晚 72dB；二次辐射噪声按照《城市轨道交通引起建筑物振动与二次辐射噪声限值及其测量方法标准》，全天 38dB（A）

编号	高铁运行建筑振动危害控制评估 /dB								二次辐射噪声影响控制评估 /dB		
	无措施振动		振动超标评估		采取措施后		提升量级	选型级别	无措施评估	超标评估	采取措施后
	白天	夜晚	白天	夜晚	白天	夜晚	综合	综合	全天候	全天候	全天候
1号	78.45	75.40	+3.45	+3.4	73.45	70.40	5	H	40.92	+2.92	35.92
2号	78.15	74.94	+3.15	+2.94	73.15	69.94	5	H	42.08	+4.08	37.08
3号	73.75	70.32	—	—	—	—	—	—	37.20		
4号	72.63	68.99	—	—	—	—	—	—	25.60		
5号	75.32	71.46	+0.32	—	72.32	68.46	3	N	21.39		
6号	75.27	71.20	+0.27	—	72.27	68.20	3	N	38.47	+0.47	35.47
7号	76.16	71.87	+1.16	—	73.16	68.87	3	N	36.04		
8号	76.96	72.53	+1.96	+0.53	73.96	69.53	3	N	34.12		
9号	77.70	73.13	+2.7	+1.13	74.70	70.13	3	N	41.37	+3.37	38.37
10号	74.92	70.21	—	—	71.92	67.21	3	N	39.09	+1.09	36.09
11号	74.91	70.06	—	—	71.91	67.06	3	N	41.77	+3.77	38.77
12号	75.57	70.58	—	—	—	—	—	—	39.22		
13号	72.73	67.88	—	—	—	—	—	—	37.34		
14号	73.30	68.59	—	—	—	—	—	—	37.13		
15号	79.14	74.57	+4.14	+2.57	74.14	69.57	5	H	37.45	—	32.45
16号	71.35	66.92	—	—	—	—	—	—	30.63		
17号	73.30	69.16	—	—	—	—	—	—	36.52		
18号	75.89	72.03	+0.89	+0.03	72.89	69.03	3	N	32.65	—	29.65
19号	74.14	70.57	—	—	—	—	—	—	34.38		
20号	79.96	76.67	+4.96	+1.67	74.96	71.67	5	H	42.88	+4.88	37.88
21号	80.14	77.13	+5.14	+2.13	74.14	71.13	6	R	38.81	+0.81	32.81

• 振噪数据记录表（4 层示例）

编号	高铁运行建筑振动危害控制评估 /dB								二次辐射噪声影响控制评估 /dB		
	无措施振动		振动超标评估		采取措施后		提升量级	选型级别	无措施评估	超标评估	采取措施后
	白天	夜晚	白天	夜晚	白天	夜晚	综合	综合	全天候	全天候	全天候
1 号	75.75	72.72	+0.75	+0.72	72.75	69.72	3	N	41.74	+3.74	38.74
2 号	76.56	73.37	+1.56	+1.37	73.56	70.37	3	N	29.44	—	—
3 号	75.26	71.90	+0.26	—	72.26	68.90	3	N	38.28	+0.28	35.28
4 号	69.88	66.36	—	—	—	—	—	—	31.24	—	—
5 号	71.47	67.79	—	—	—	—	—	—	30.88	—	—
6 号	72.39	68.54	—	—	—	—	—	—	29.90	—	—
7 号	72.37	68.36	—	—	—	—	—	—	36.29	—	—
8 号	74.06	69.89	—	—	—	—	—	—	35.12	—	—
9 号	77.98	73.64	+2.98	+1.64	74.98	70.64	3	N	17.60	—	—
10 号	70.01	65.51	—	—	—	—	—	—	35.11	—	—
11 号	70.58	65.98	—	—	—	—	—	—	19.84	—	—
12 号	68.21	63.51	—	—	—	—	—	—	33.88	—	—
13 号	71.77	66.97	—	—	—	—	—	—	37.54	—	—
14 号	76.70	71.80	+1.7	—	73.70	68.80	3	N	40.41	+2.41	37.41
15 号	77.28	72.28	+2.28	+0.28	74.28	69.28	3	N	40.07	+2.07	37.07
16 号	78.33	73.43	+3.33	+1.43	73.33	68.43	5	H	20.29	—	—
17 号	75.82	71.02	+0.82	—	72.82	68.02	3	N	30.22	—	—
18 号	74.49	69.79	—	—	—	—	—	—	33.78	—	—
19 号	77.81	73.21	+2.81	+1.21	74.81	70.21	3	N	31.94	—	—
20 号	73.58	69.08	—	—	—	—	—	—	33.23	—	—
21 号	77.98	73.78	+2.98	+1.78	74.98	70.78	3	N	17.60	—	—
22 号	72.96	69.06	—	—	—	—	—	—	31.52	—	—
23 号	80.57	76.97	+5.57	+4.97	74.57	70.97	6	R	18.31	—	—
24 号	78.35	75.05	+3.35	+3.05	73.35	70.05	5	H	18.87	—	—
25 号	78.14	75.13	+3.14	+3.13	73.14	70.13	5	H	39.14	+1.14	34.41
26 号	76.97	73.95	+1.97	+1.95	73.97	70.95	5	N	38.39	+0.39	35.39

● 振噪数据记录表（13 层示例）

精细化片区减振方案整体概况

　　酒店及配套会议公寓建筑内，通过对各层各片区进行精细化数据提取，判定 4~13 层减振需铺设浮筑板数量。

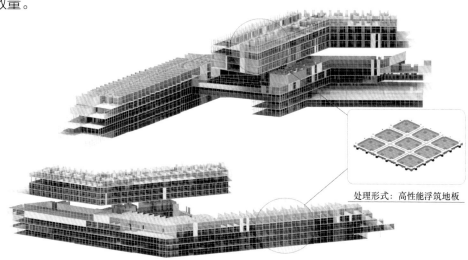

处理形式：高性能浮筑地板

● 建筑内浮筑板铺设区域概况

酒店及配套公寓四层标高 16.8m 精细化片区减振方案

四层振动最大值为 80.14dB，按照标准限值计算，最大超标值为 5.14dB，另外本层有两处区域虽振动未超标，但二次噪声超标，已在表格中表示。

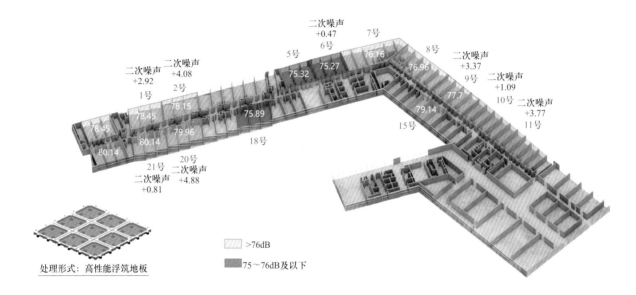

● 酒店及配套公寓四层标高 16.8m 精细化片区减振方案配图

振动超标房间数量（＞75dB）	41
振动超标房间面积	2210m²
其中临界值房间数量（75～76dB）	9
其中临界值房间面积	450m²

增加二次噪声超标房间数量 10号、11号（＞38dB）	9
增加二次噪声超标房间面积	450m²

酒店及配套公寓 13 层标高 54.7m 精细化片区减振方案

本层振动最大值为 80.57dB，按照标准限值计算，最大超标值为 5.57dB，本层不存在振动未超标但二次噪声超标的情况。

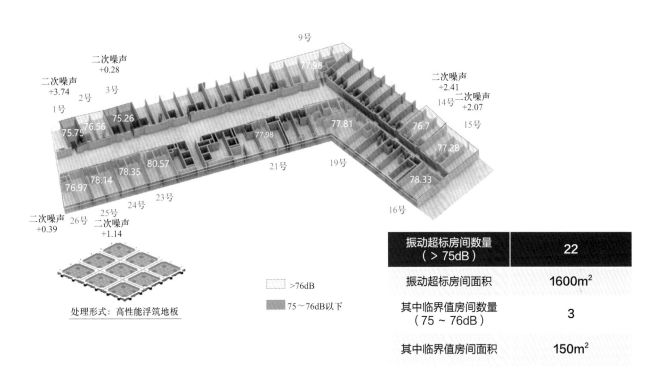

处理形式：高性能浮筑地板

▢ >76dB

▨ 75～76dB以下

振动超标房间数量 （＞75dB）	22
振动超标房间面积	1600m²
其中临界值房间数量 （75～76dB）	3
其中临界值房间面积	150m²

● 酒店及配套公寓 13 层标高 54.7m 精细化片区减振方案配图

案例结论

振动控制性能显著

应用二元一体振噪主辅控制方案后，可使得振动敏感房间振动水平白天低于 73dB，夜晚低于 70dB，可行性覆盖率达 100%。

方案整体冗余度高

采用二元一体振噪主辅控制策略能有效结合墙板对建筑结构的质量、刚度、阻尼的优化设计，形成不同特征荷载下的阶梯型振噪防御体系，并且通过浮筑板集成化和阻尼墙轻型化，使得该体系在工程应用中转变成原有结构的隐形附加耗能机制，且能提升结构体系的地震设防性能，冗余度高于 10%。

方案总体经济性好

相较于整层建筑通铺浮筑地板的方案，采用精细化分区铺设浮筑板配合阻尼墙的方案可使整体造价节约 50% 以上。

北京市某幼儿园
减振抗震

案例概况

本案例幼儿园建设用地距离某地铁线路约 40m，距离另一条地铁红线不足 1m，受两条地铁线运行振动影响较大。本案例中，幼儿园主要是白天运营，与地铁运行时段高度重合，振动噪声的控制是非常必要的。

针对该案例，采用"侧重竖直向隔振为主的减振抗震"设计思路。其核心是首先通过合理设计隔振层，消除地铁运行对幼儿园的日常影响，再通过抗震优化分析，对方案进行优化调整，使设计方案同时满足抗震设防要求。

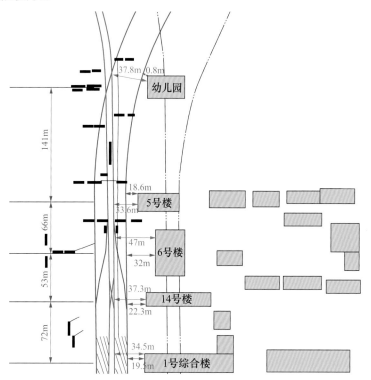

● 幼儿园与地铁线路平面关系图

● 幼儿园三维示意图

● 幼儿园三维轴测示意图

振动噪声评价标准

本案例采用 JGJ/T 170—2009《城市轨道交通引起建筑物振动与二次辐射噪声限值及其测量方法标准》进行评价参考。

建筑物室内振动限值 [dB]

区域	昼间	夜间
特殊住宅区	65	62
居住、文教区	65	62
居住、商业混合区，商业中心区	70	67
工业集中区	75	72
交通干线两侧	75	72

注：昼夜时间划分：昼间：06:00~22:00；夜间：22:00~次日06:00；昼夜时间使用范围在当地另有规定时，可按当地人民政府的规定来划分。

本案例幼儿园属于居住、文教区，故选择 65dB 作为评价指标。

二次辐射噪声评价标准

城市轨道交通沿线建筑物室内二次辐射噪声限值应符合下表规定。

建筑物室内二次辐射噪声限值 [dB（A）]

区域	昼间	夜间
特殊住宅区	38	35
居住、文教区	38	35
居住、商业混合区，商业中心区	41	38
工业集中区	45	42
交通干线两侧	45	42

注：昼夜时间划分：昼间：06:00~22:00；夜间：22:00~次日06:00；昼夜时间使用范围在当地另有规定时，可按当地人民政府的规定来划分。

📖 设计思路

隔振器布置方案

本案例采用建筑整体隔振方式，在结构地下室与首层楼板间设置隔振层，隔振器采用钢弹簧，隔振层上部结构总重约为 68200kN，隔振层总刚度约为 3410kN/mm，根据承载力设计和模态优化设计，共布置隔振器 31 组。

限位墩减振垫

在罕遇地震作用下，有若干弹簧支座的变形过大，超过弹簧的设计极限变形，此情形下，弹簧刚度增加较大，在结构构件中产生较大的冲击荷载。为了减小下弹簧支座的竖向变形，使弹簧竖向变形满足设计要求，在每个限位墩上布置聚氨酯减振垫。在地震作用下，当弹簧竖向变形超过某一阈值后，由弹簧支座和聚氨酯减振垫构成并联弹簧共同承担地震作用。本设计取聚氨酯减振垫的刚度为该弹簧支座竖向刚度的 3 倍，既可以减小弹簧支座竖向变形，又可以使弹簧支座反力保持在合理的范围内。

黏滞阻尼器布置思路

在布置弹簧支座的基础上，布置了黏滞阻尼器以减少结构受到的地震作用，同时对隔振支座起限位作用，减少隔振支座在地震作用下的水平位移。为提高阻尼器的工作效率，将阻尼器布置在结构侧向变形最大的支座处。同时，将阻尼器沿建筑周边双向布置，提高结构在地震作用下的抗扭能力，共布置 13 个阻尼。

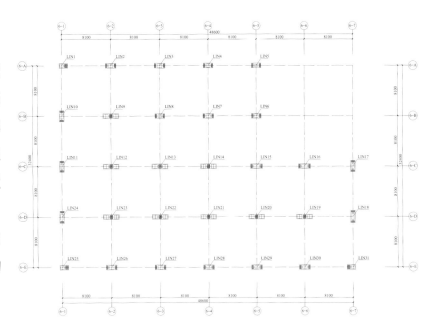

● 隔振弹簧平面布置图

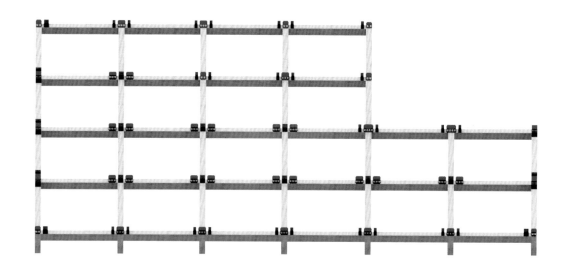

● 隔振弹簧三维布置图

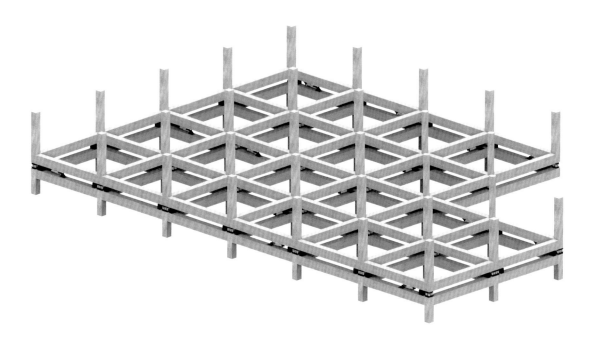

● 隔振弹簧三维轴测图

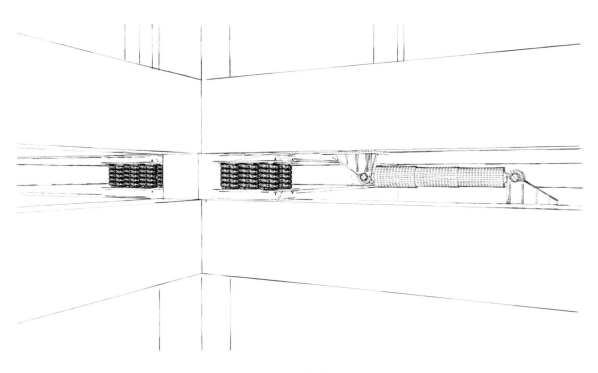

● 隔振器、阻尼及聚氨酯减振垫组合节点线稿示意图

案例结论

　　采用隔振措施后，结构各层楼板均满足标准限值 65dB 的要求，但二次噪声仍然在规范限值附近，或超过规范限值，因此后续待幼儿园竣工后应对室内再次进行振动和噪声测试。若超标，需通过选择合适的装修材料及合适的装修方案，以此进一步降低二次噪声的影响。

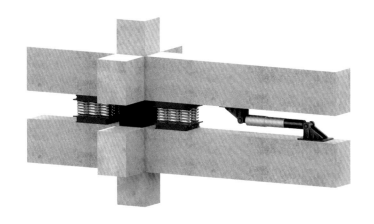

● 隔振器、阻尼及聚氨酯减振垫组合节点三维示意图

高铁上盖变电站
减振抗震

案例概况

　　某枢纽 110kV 输变电工程为全地下变电站，占 3 层空间：地下一层（层高 4.65m），地下二层（层高 8m）和电缆夹层（层高 4m），电缆夹层下 9m 高的地下空间是铁路轨道线路。

　　高速列车沿铁路轨道运行时，轮轨接触表面不平顺而产生的轮轨动荷载激发车辆轨道系统的振动，振动以振动波的形式沿轨道—基础—墙（柱）—梁（板）—设备进行传播，高铁产生的振动对变电站电气设备的正常使用有潜在影响。

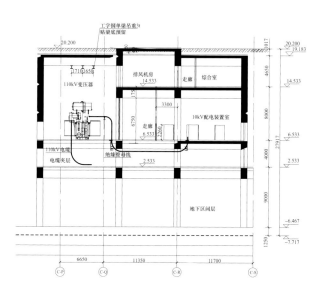

● 变电站横剖面图

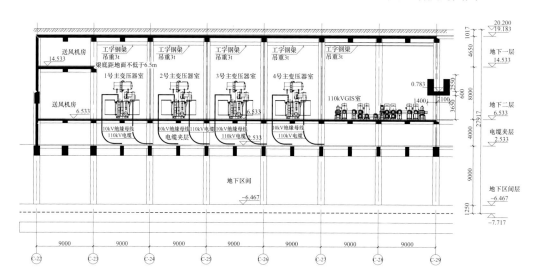

● 变电站纵剖面图

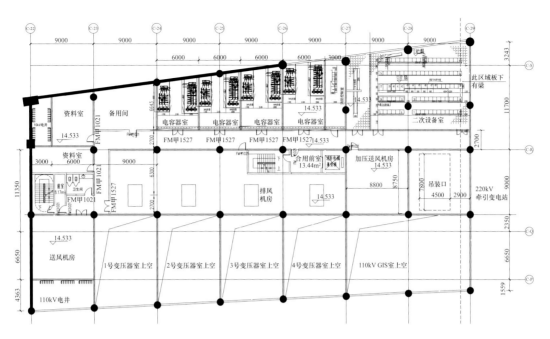

● 变电站平面布置图

● 高铁线路与变电站关系示意图一

● 高铁线路与变电站关系示意图二

● 高铁振动沿结构传递示意图

案例难点

（1）需同时考虑设备自身产生振动与高铁振动影响。

（2）振动控制效果分析，以高铁振动作为输入考虑设备的振动控制效果。同时还需分析动力设备自身振动的衰减情况。

（3）具体采用浮筑地板减隔振方式还是钢弹簧油液阻尼器或减振机架方式，还需对动力设备的振动影响进行分析。首先明确动力源的特性，通过仿真分析给出动力源特性及传递关系，最终结合动力特性关系并结合工程造价，选用合适的隔振方法，从而能有效对整个楼层的设备进行减振，或是对单个变电站电气设备进行减振。

设计思路

针对高铁振动对变电站设备产生的影响，结合变电站电气设备的自身特性，以及考虑成本控制，利用钢弹簧油液阻尼减振器或减振机架进行有效的减振处理，可消除高铁运行对设备产生的振动危害，保护设备不受高铁振动影响。

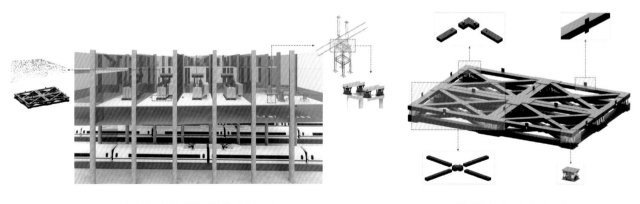

电气设备减隔振措施方案图　　　　减振机架构成示意图

为避免高铁运行产生的振动对电气设备管道产生影响，可采用安装减振支架的方式对电气设备管道进行处理。

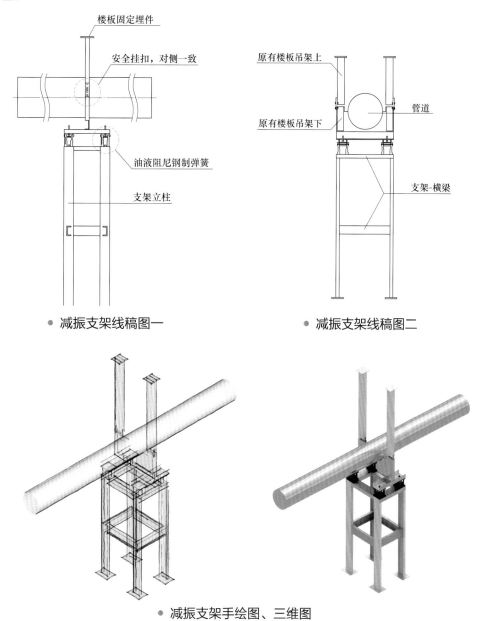

楼板固定埋件

安全挂扣，对侧一致

油液阻尼钢制弹簧

支架立柱

● 减振支架线稿图一

原有楼板吊架上

原有楼板吊架下

管道

支架-横梁

● 减振支架线稿图二

● 减振支架手绘图、三维图

案例结论

设备隔振后高铁振动引起的主变振动响应幅值在 VC-C 左右，相较于设备不隔振时下降了一个等级，其他设备普遍在 VC-D 附近，隔振后各设备振动响应基本满足设备正常运行时的振动要求。

● 建筑三维配图

北京某枢纽工程
减振抗震

📖 案例概况

　　北京市某综合交通枢纽中一栋建筑为异形结构，是一座典型的多业态、多功能建筑。其中地下共计 5 层，B0.5 层以下为高铁区域，B0.5 层高 6.6m，主要功能为商业空间、排风机房、车库、设备管线等。地上共计 5 层，总高度 24m，其中首层和二层为商业楼层，三～五层为办公楼层。该建筑北侧紧邻城际铁路车站，南侧紧邻地铁线路（局部下穿），东侧紧邻主环路，西南侧紧邻主干路。

　　为了降低毗邻轨道交通对该建筑的振动噪声影响，在环评阶段已做了隔离式减振垫的措施预留，但由于振源离散性、环评预测精度、评价标准差异、低频段隔振性能等原因，经分析研判，该案例振动控制余量稍显不足。为积极响应国家政策，打造高质量站城一体化绿色环保示范工程，提升住宅人居环境品质，降低后期振动噪声投诉风险，拟对该建筑开展减振抗震工作，在满足抗震设防的基础上，尽最大能力保证高效率隔振功能。

案例难点

（1）关于设防目标下的抗震性能。在设置隔振层后，其在设防地震和大震下的设计目标如何确定，抗震设防的性能如何满足？

（2）关于减振抗震性价比最大化。本案例需要综合考虑减振抗震措施采用后带来的总投资变化和综合潜在效益变化，即建筑结构的品质得到充分保障的同时，总造价最优。

（3）关于减振抗震措施运维质保。对案例的全生命周期提供的服务内容项需要充分说明，保证建筑结构在服役过程中无振动噪声危害。

设计思路

本案例针对于地铁振动和地震设防的综合需要，采用的是侧重于竖向隔振的设计思路，具体内容包括钢弹簧＋阻尼器＋限位器＋防冲器系统。

该方法主要针对在一定烈度区域内由于地铁毗邻，竖向振动危害显著且急迫，利用大负载、低刚度、高稳定的钢弹簧隔振装置来对竖向振动进行调谐隔振，并利用钢弹簧侧向刚度＋水平向混合布置小出力、小位移、高耗能油液阻尼器＋限位器来综合防御地震作用，再利用限位器＋防冲器来应对大震作用下水平侧向限位和冲击，以此保障如下要求：

（1）在常态地铁运行状态下，竖向振动影响满足建筑环境规范要求，并预留储备；

（2）在险时地震作用状态下，水平地震结构侧向变形满足地震设防要求，大震下充分发挥所有装置的动力性能，保证隔振层结构和装置不出现破坏。

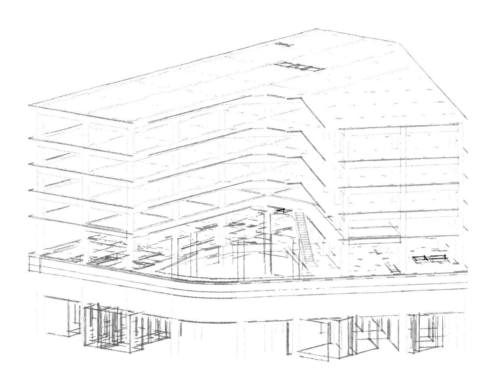

• 建筑线稿图一

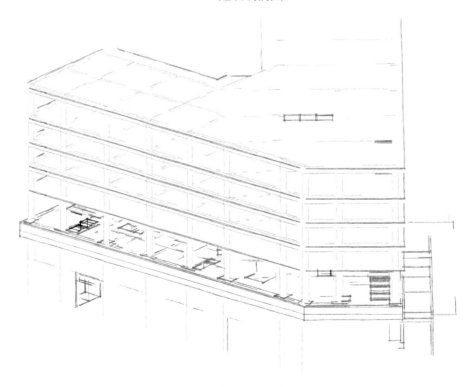

• 建筑线稿图二

◉ 减振抗震初步设计思路

　　本案例拟采用侧重竖向隔振的减振抗震方法，具体控制层的非结构构成包括：大负载钢弹簧＋黏滞阻尼器＋限位器＋防冲器。整个结构体系共有结构柱42根，隔振层上部总质量为3.6万t，结构柱平均承载力为857t，单个结构柱最大承载力达到1476t。

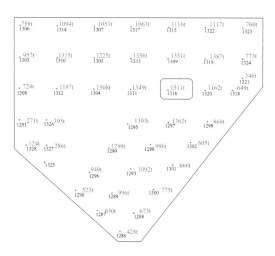

● 建筑各结构柱承载示意图

　　为了实现减振抗震，需将上部建筑结构与下部结构进行整体打断，整个隔振层高度为1.5m，布置于B0.5层顶部，将原高度为 ±0.000 梁板结构进行整体降板，同时在 ±0.000 高度增设新的梁板结构，在上、下梁板结构之间增设减振抗震设备，以实现双控功能。为了保证隔振器的承载面积，需在上、下结构柱位置布置节点柱帽。

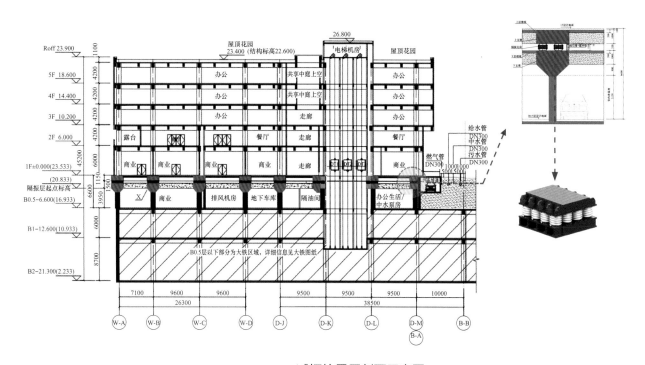

● 减振抗震层剖面示意图

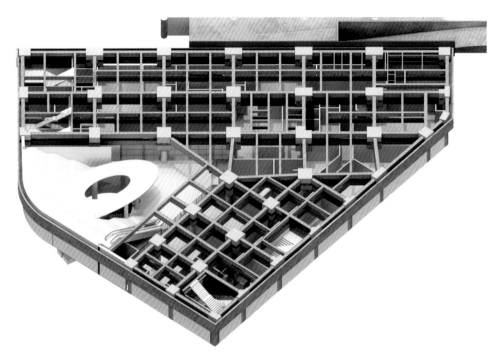

● 减振抗震层三维示意图

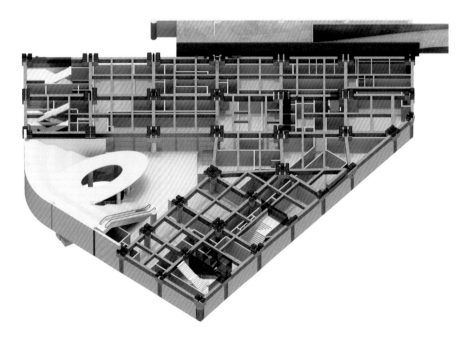

●减振抗震层隔振器布置三维示意图

◉ 案例思路特征

支撑节点柱帽（础）设计

本案例由于需要在 B0.5 层将原柱体结构断开设置隔振层，并在断开柱头部位设置钢弹簧隔振器，所以需要对该柱头支撑节点进行详细设计。其设计方案在保证结构安全的前提下同时应满足以下需求：

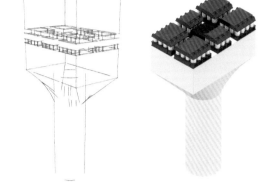

● 单柱柱头部位钢弹簧隔振器布置图

（1）能置放足够承载的减振抗震装置；

（2）有位置安装结构限位支墩；

（3）隔振器设备之间、隔振器与限位支墩间保持足够的安全距离；

（4）柱帽上预留足够的隔振器检修更换空间；

（5）柱帽和柱础需要满足结构地震设防作用下的安全计算要求；

（6）柱帽和柱础应满足与其他结构碰撞问题，基于安全和功能双目标协调空间设计。

结构性限位墩（板）设计思路

为保障大震下结构隔振层不损坏，需要进行隔振层层间侧向限位设计。结构性限位墩（板）的设计需满足以下要求：

（1）布置的位置，需满足结构在地震安全性验算时，隔振器的形变响应特征；

（2）结构性限位墩（板）的形状，应满足大震下多向受力时不破坏的要求。

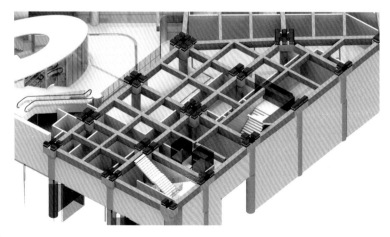

● 局部柱头钢弹簧隔振器布置图

◉ **减振抗震方案与建筑碰撞分析**

柱帽与梯井碰撞（填充墙、间距）

电梯井处，考虑电梯运行时所需有效空间，将隔振层柱帽设置为 L 形，合理避开井道，保证电梯上下层可正常合理运行。

● 柱帽与梯井碰撞解决方案示意图

柱帽与人梯碰撞（逃生、平台）

柱帽设置方式需对人员上下楼梯碰头问题不造成影响，且满足楼梯疏散宽度要求。待后期隔振层结构施工完毕，需在隔振层上下断开处内部做建筑装修处理。

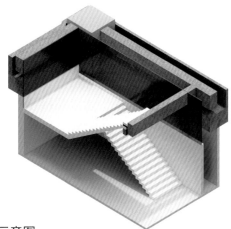

● 柱帽与人梯碰撞解决方案示意图一

柱帽为给楼梯预留足够的疏散空间以及解决人员上下楼梯碰头问题，设置异形柱帽，合理解决以上难题。待后期隔振层结构施工完毕，需在隔振层上下断开处内部做建筑装修处理。

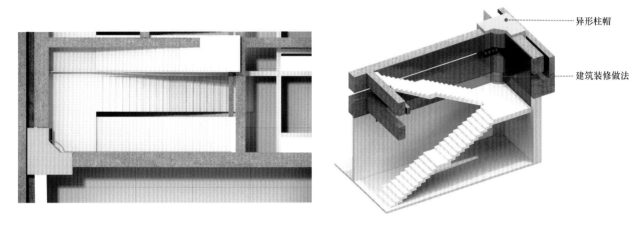

异形柱帽

建筑装修做法

● 柱帽与人梯碰撞解决方案示意图二

柱帽与管井碰撞

所有涉及送风井、排风井、排烟井、油烟井等井道位置，柱帽均以尽量避开井道或为井道预留足够空间为设计原则，部分位置设置异形柱帽，合理解决柱帽与井道碰撞难题。

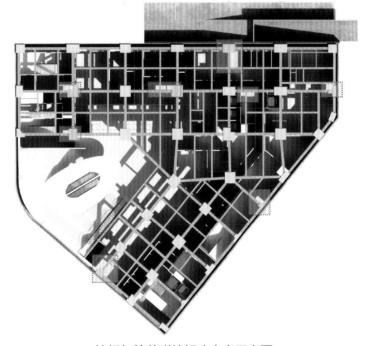

● 柱帽与管井碰撞解决方案示意图

柱帽与车库入口碰撞（间隙）

隔振层为合理解决与车库出口碰撞问题，柱帽设计与原结构外墙齐平，为车库坡道预留合理出车空间，柱帽与坡道使用功能互不影响。

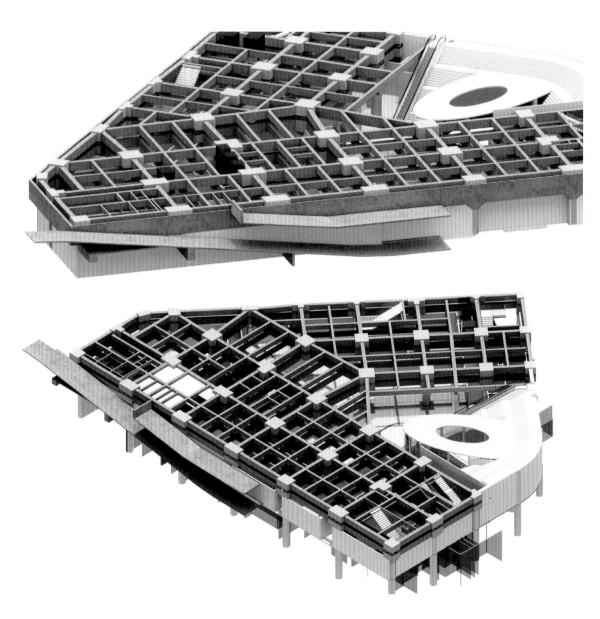

●柱帽与车库入口关系示意图

考虑到建筑使用功能合理性，原坡道设计与建筑内部共用墙体，该设计将在车辆驶出时无法起到隔声降噪、防尘防灰的作用，且共用墙体会造成该位置隔振层无法达到减振功效。应在原墙体北侧增加坡道外墙，使坡道与内部建筑使用功能互不影响。

● 车库防尘防灰、减振降噪方案俯视图

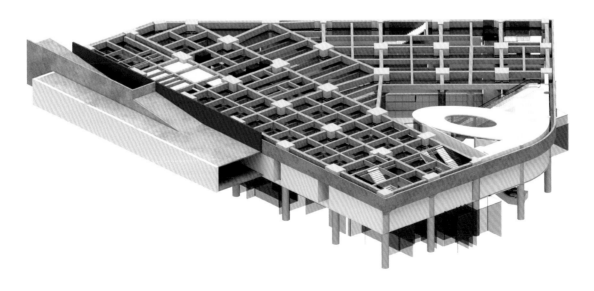

● 车库防尘防灰、减振降噪方案三维示意图

柱外墙设挡土墙与小市政管线碰撞（外管线）

考虑到建筑地下室外墙需要做挡土处理，对地下区域增加挡土墙设计，且不能与室外小市政管线发生碰撞，则在挡土墙的设计上，综合考虑室外管线、隔振层柱帽、汽车坡道等限制条件，对于不同位置进行不同的节点处理。

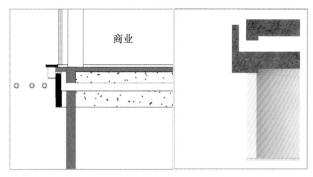

● 西侧挡土墙节点 A

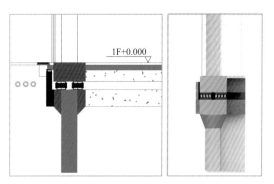

● 西侧柱帽位置挡土墙节点 B

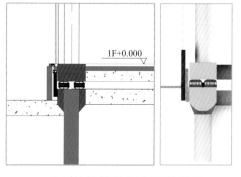

● 北侧柱帽位置挡土墙节点 C

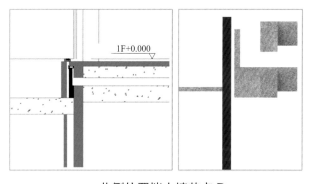

● 北侧位置挡土墙节点 D

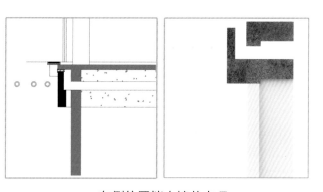

● 东侧位置挡土墙节点 E

挡土墙悬挑方案（悬挑／支撑）

对于挡土墙设计，从隔振层下层梁顶出挑 1000mm 厚混凝土基础底板托起挡土墙，挡土墙高度为 2100mm，挡土墙厚度东、南、西侧均为 350mm，北侧由于受到坡道墙体限制，挡土墙厚度设置为 200mm。挡土墙做法均满足规范要求，且不影响其他专业设计要求。

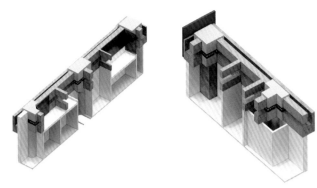

●挡土墙悬挑方案示意图

下沉广场阶梯入口搭接

主要采用上部建筑、下沉区域边界处原结构性柱、墙（剪力墙）维持原状，平面上与振控区域留缝，高度上设为凹形槽结构。下沉区入口处阶梯结构设置为搭接支撑方式，搭接面即为凹形槽槽内，进行子母咬合结构设计。

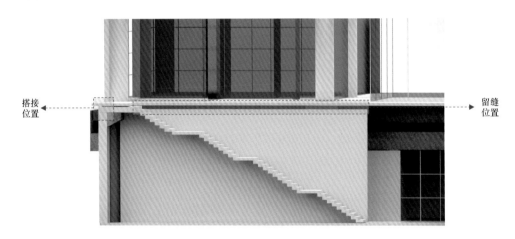

●下沉广场阶梯入口搭接方案示意图

案例结论

该方案经与建筑内各专业沟通协商，对于现建筑功能包括梯井、人梯（消防通道）、管井、周边管线、业态通道、车道内外隔声、防水、辅助构造等，均不存在原则性冲突。

经计算分析，考虑地铁振动、建设影响、环境恶化影响，隔振层满足隔振降噪功能要求。

经对设防地震、罕遇地震验算，隔振层均满足弹性使用要求，方案安全可靠。

板块二　精密设备微振动控制

某产业园电子工业厂房微振动控制

某工业园拆除新建全过程振动控制

某大学纳米级超微振实验室振动控制

某大学超静室隔振及一体化感知

某产业园电子工业厂房
微振动控制

案例概况

　　某智能制造产业园电子工厂案例厂房共 4 层，总高度为 23.15m。其中厂房首层布置 13 条行车线路，厂房 2~4 层有大量 SMT 贴片机等精密设备。当 1 层行车工作时，尤其是在起吊或卸载货物时，上层建筑内的 SMT 贴片机会出现掉片的现象。为确保厂房内各种设备的正常运行，对行车及部分精密设备进行减隔振处理。

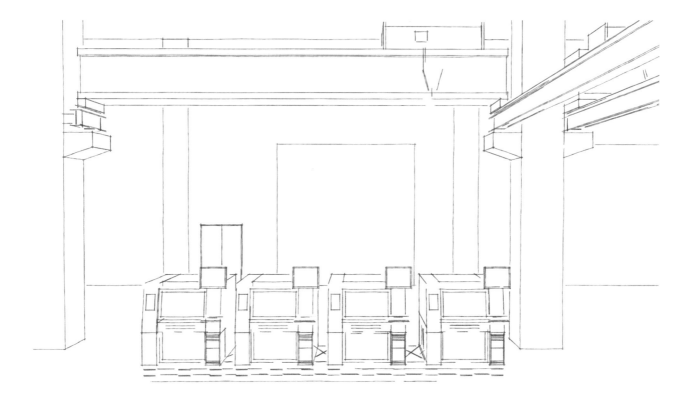

● 厂房局部线稿图

贴片机运行过程中可能会造成机械结构的抖动，不仅会影响系统的控制精度，同时也对相关机电组件在苛刻的振动环境中运行的稳定性和可靠性提出了极高的要求。

产生振动的构件包括贴片头、传送导轨和贴片机摆臂结构。贴片机拾片时压力过大造成供料器振动，将编带下一个空穴中的元器件振翻，造成元器件侧立或翻转。摆臂是贴片机摆臂机构中最重要的运动部件之一，在高频高加速的摆动运行中常因其刚度不足而产生残余振动，直接影响整机的贴片精度和效率。横梁和底座是贴片机的关键部件，在机器实际运行过程中，因为装配误差或摩擦磨损会引起机器振动和噪声，振动会引起零部件发生微小移动，从而造成设备整体的定位不精确。贴片机运行时，机械运动及辅助设备工作时产生的振动，极易引起结构楼板的振动，造成振动舒适度问题，严重时甚至可能造成楼板开裂等，影响结构安全。

● 贴片机线稿图

📖 设计思路

行车减隔振设计思路

本案例拟针对电子厂房行车运行产生的振动，采用聚氨酯减振垫对行车进行减隔振处理，即在行车梁与牛腿之间增加聚氨酯减振垫，可有效地隔离行车振动的传递，通过精细化设计，可使行车振动仅有少量的残余动荷载通过隔振元件传递到牛腿上。

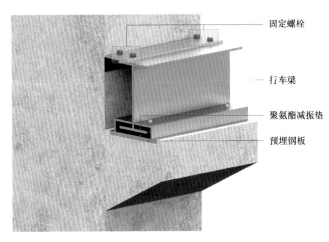

● 行车梁与牛腿连接方案轴测示意图

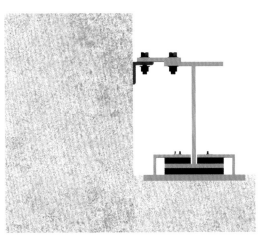

● 行车梁与牛腿连接方案正视图

SMT 贴片机减隔振初步方案

由于贴片机自身也产生较大的振动，因此建议对贴片机进行减隔振处理，即在贴片机底部装上钢弹簧阻尼减隔振支架。该减隔振支架可根据现场设备情况，预先加工，后期直接在电子工业厂房内拼装即可。加工前需根据贴片机的振动特征，对减隔振支架进行深化设计，确保最优的减隔振效果。

● 厂房局部三维图

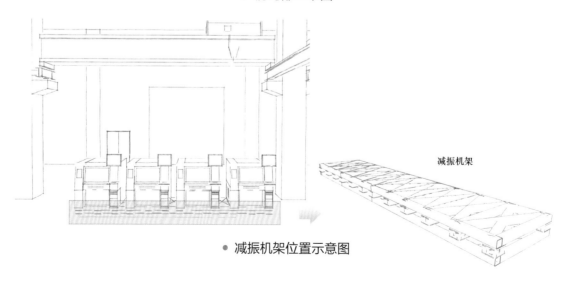

减振机架

● 减振机架位置示意图

钢弹簧隔振器

- 减振机架三维示意图

案例结论

行车启动行走或起吊货物时，二层柱端最大加速度达到 1.5m/s²，说明行车启动瞬间会对上部结构造成较大影响。

采用钢弹簧隔振措施后，行车上部结构加速度响应衰减均在 85% 以上，钢弹簧阻尼隔振器可有效减轻行车运行产生的振动对上部楼层的影响，大幅改善贴片机的运行环境，有利于提高贴片机的工作效率与品质。

某工业园拆除新建全过程
振动控制

案例概况

某公司在一高新技术产业园内拥有占地 27000m² 生产和研发基地，因园区现状存在部分空地，开发程度较低，现状产业发展呈上升态势，印制电路板（Printed Circuit Board,PCB）用微钻订单稳定增加，现状建筑已无法承载产业发展需求，故拟提升该工业园容积率。同时响应节约产业用地的相关政策，本次扩产过程中，拟新建一座新型高层工业大楼。

拟建新型工业大楼建设在工业园内。该工业园位于高新技术产业园的中心地带，北部和西部毗邻工业园主要道路，东邻河堤，南接其他厂区，厂址距市区 35km，距机场 50km，交通十分便利，厂区呈梯形，占地近 27000m²，建筑面积约 20000m²。

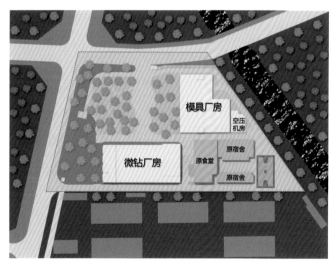

• 工业园现状平面示意图

• 工业园现状三维示意图

设计需求

（1）拆除现有食堂和宿舍，在现有食堂、宿舍、标准篮球场的基础上新建科技大楼。新建大楼单层建筑面积约为 2400m²，大楼地上 14 层，地下 3 层，建筑物高度约为 70m。地下主要功能为停车场、设备房，配套人防工程。

（2）新建生活中心（食堂），面积约为 2400m²。

（3）新建标准篮球场。

（4）配套与原有建筑的连廊。

本案例拆除建筑位于地块东南角，地块范围内紧邻现状微钻厂房、工模具厂房，南侧有其他民用建筑；地块内建筑相对靠近，利用空间较小，大型机械进入现场进行拆除工作难度较大。同时微钻加工为精密加工，拆除及新建过程中均保持正常生产，对振动影响要求严格，因此拆除时限制因素较多，拆除难度大。基于施工期间各类要求限制多，需在设计阶段同步开展施工方案及施工组织设计，两方面相互配合、精密部署。

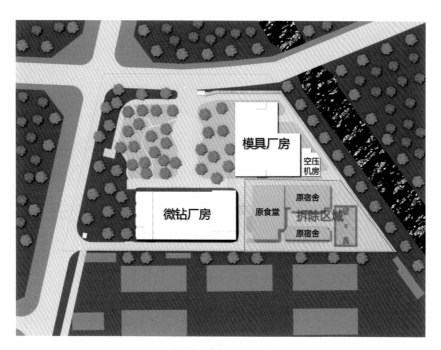

● 拆除区域平面示意图

　　本案例新建科技大楼主要用于精密微型刀具的生产，微型精密刀具加工属于精密加工。微型精密刀具厂房主要关注的指标是荷载和振动，需要在拆除原有食堂和宿舍后再建。在大楼建设过程中，外部的振动会对产品质量产生不良的影响。因此要求大楼建设过程中不对现有施工场地周边的微型精密刀具生产造成不良影响；大楼建成后要能够满足精密微型刀具生产的需要。

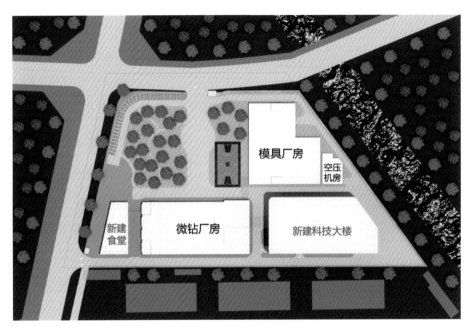

● 新建区域平面图

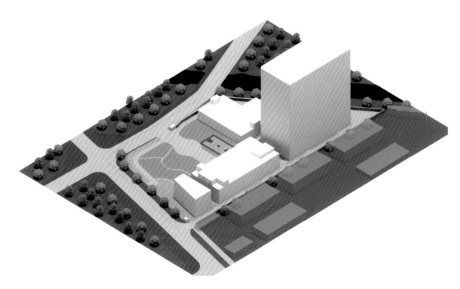

● 新建区域三维图

设计思路

（1）在拆除建筑与既有厂房间设置防振沟，隔振沟宽 1m，深 2m，施工阶段应保证隔振沟不能灌水或被填充坚实，保证隔振沟在施工阶段有效。

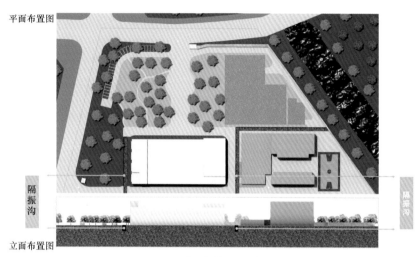

• 隔振沟位置示意图

（2）拆除作业时，汽车吊、运输车辆等施工机械设置在远离既有厂房一侧；拆除过程中需要在既有建筑地面设置砂层，上铺木条，防建筑垃圾掉落冲击振动。

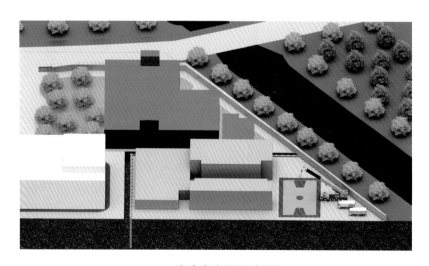

• 防冲击布置示意图

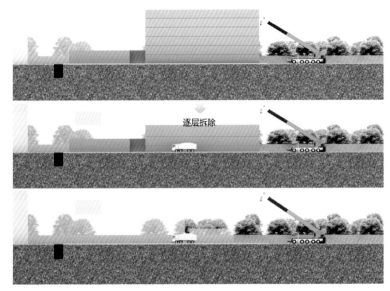

（3）从上到下逐层拆除，先拆除非承重构件，再拆除梁板，最后拆除竖向承重构件。

● 拆除顺序示意图

（4）使用冲击钻等设备破除建筑地坪，多台设备同时作业时，地坪破碎应防止振动叠加放大，两边有序交叉错开进行。

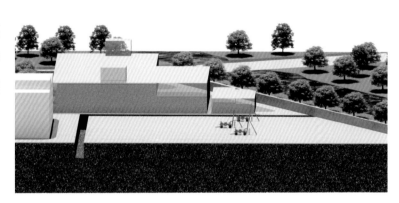

● 破碎地坪示意图

（5）基坑支护，两侧同步开展护坡桩施工（桩型与成桩工艺应选择对环境振动较小的桩类型）。

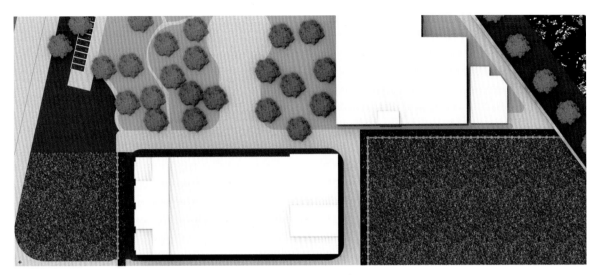

● 基坑支护施工示意图

（6）基坑开挖。

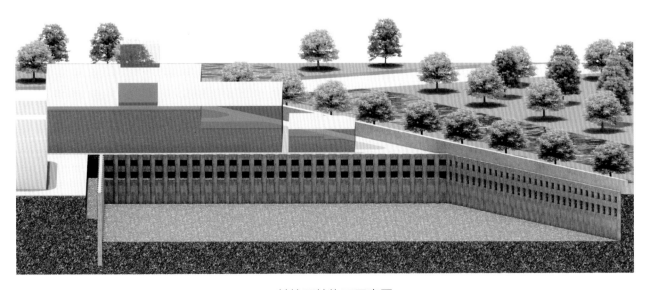

● 基坑开挖施工示意图

（7）桩基施工、破除桩头、平整场地、夯实地基、基础施工（桩型与成桩工艺应选择对环境振动较小的静压桩、挤密桩等，可按《建筑桩基技术规范》附录 A 选择）。

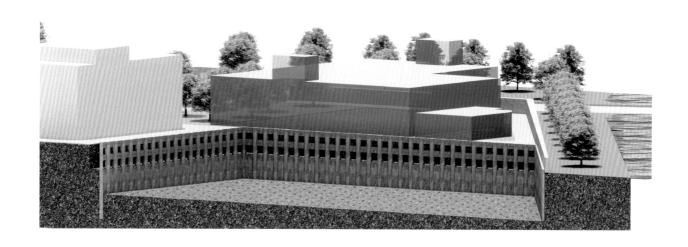

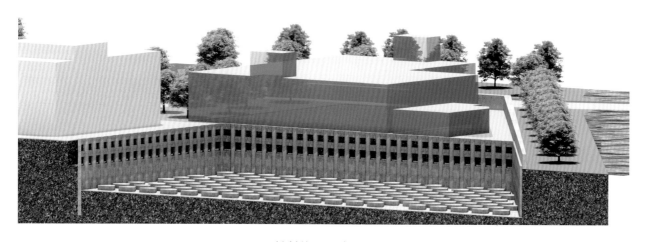

● 桩基施工示意图

（8）地下室及上部结构施工过程，采取边监测边施工的方式，在施工过程中增设监测手段，实时监测厂区振动是否对原有厂房产生影响。

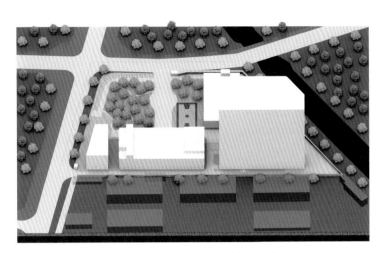

● 新建大楼后园区三维示意图

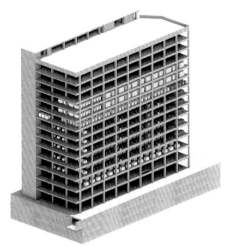

● 新建科技大楼结构及内部设备示意图

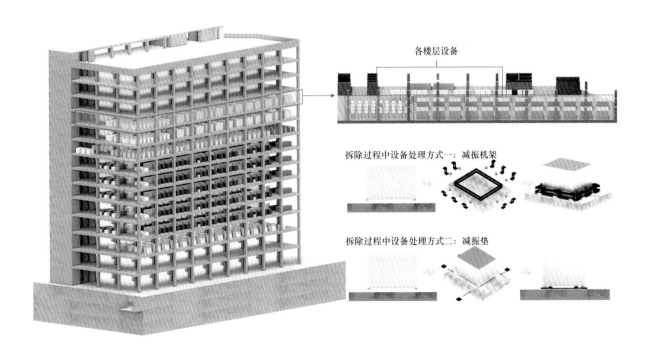

● 新建科技大楼内部设备减振示意图

物模试验

试验方案

为保证建筑结构内部的精密加工相关设备、厂房和环境不受周围环境振动干扰，需要对建筑结构进行振动测试、模拟分析，以此为精密加工隔振提供设计依据。

根据提供的设备荷载布置图，取一台精密加工设备进行物理模型实验。采用三点空间激振、多点空间测量的方法进行基础动力特性测试，经分析得到基础动力特性和各测点的强迫振动响应，判断设备振动试验值是否满足规范要求。

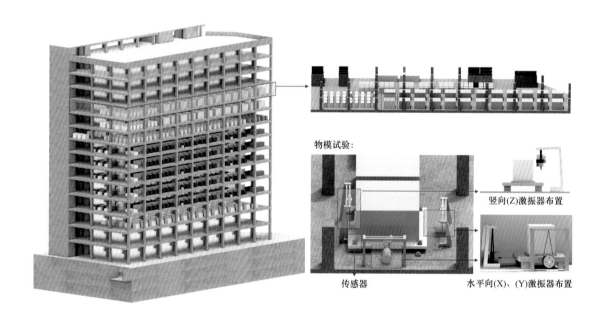

- 物模试验图

1	2	3	4	5	6	7	8	9
动力特性分析	确定设备扰力	强迫振动响应分析	制作物理模型	布置测点位置	准备测试设备	动力特性试验	强迫振动响应预测	隔振设计最终评估

- 试验流程图

动力特性试验方法

此方案动力特性试验方法采用三点空间激振、多点空间测量的方法，即选三个点作为激振点，激振方向分别为竖直向（Z）、水平纵向（X）、水平横向（Y），测试中响应的拾振点根据测点布置原则为多个测点，并在空间激振的状况下同时进行竖直向（Z）、水平纵向（X）、水平横向（Y）的测试。试验中所采用的多点多方向的激振既可以激发出试验物的空间振型，不遗漏模态，又可通过在不同部位布置激振点使激振力的能量在模型上分布均匀，避免能量集中引起的试验误差。试验方法兼顾全面、科学、准确，能够满足研究及工程实际需要。

激振方向配图：

● 水平横向（X）和水平纵向（Y）激振器布置图

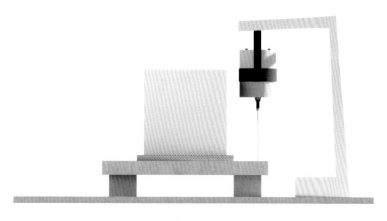

● 竖向（Z）激振器布置

某大学纳米级超微振实验室
振动控制

案例概况

　　某大学建筑声学实验室总面积约 500m²，实验室已有 60 年历史，内部电路系统、实验设备等老化严重，房间内基础硬件条件已不能满足实验环节的机械化、自动化、无尘化、智能化等要求，需对实验环境进行升级改造换代，进一步满足对建筑学科提供实验平台支撑。

　　主楼建造时，在一层留下了特殊惰性基础减振台。实测其振动幅度（主楼外界干扰现状条件下）可达几个微米，属于微米级微振台。建设规划将进一步提高微振台的隔振效果，至少提高 2 个数量级，目标提高 3 个数量级，达到纳米级超微振量级。

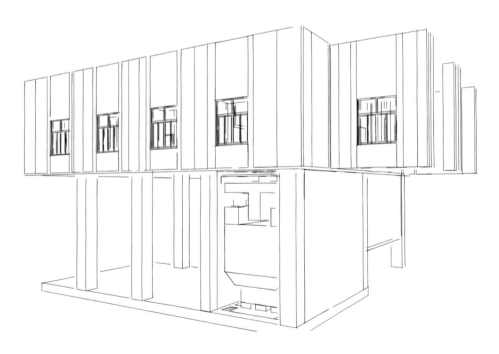

● 纳米级超微振实验室线稿图

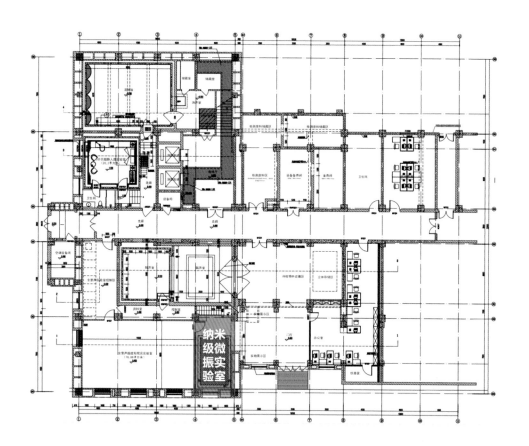

● 实验室分区平面布置图（改造后）

案例难点

　　实验室周围的影响源复杂，场地周围有 3 条地铁线路存在振动危害，且施工场地临近一条交通要道，存在振动危害。

　　拟改造的区域地下绝大多数墙体无法改造，且空间较为狭小，故为现场施工带来了一定的困难。同时由于改造时该栋建筑物也在正常使用，改造时还应尽量减小噪声，及时清理材料及建筑垃圾，尽可能减小施工带来的影响。

设计思路

本案例目标为：通过三级隔振系统，实现隔振平台振动量级达到纳米级要求。

基于现有条件，按照逐级消耗振动传递能量的概念设计原则，利用多元技术，制定"叠合侧开"的三级减振方案，即由下至上分级隔振：一级采用大体积混凝土＋聚氨酯减振垫的方式对振动进行粗调粗控，可以减小振动幅值；二级采用大体积混凝土＋气浮隔振系统进行稳调稳控，进一步耗能滤波，降低振动幅值；三级采用主动控制伺服进行精调精控，主要是对不同频率的振动进行过滤。

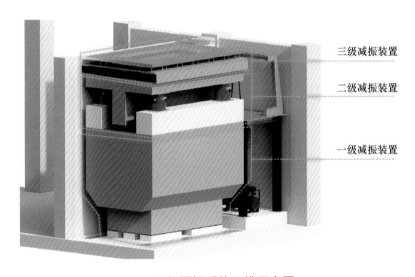

三级减振装置

二级减振装置

一级减振装置

● 三级隔振系统三维示意图

各级减振装置分解

三级控制采用"高刚性钢平台＋控制单元"的主动伺服系统设计方案，主要构成包括"主动伺服装置＋高架地板"。

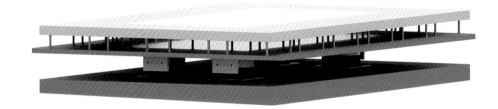

● 三级控制——主动伺服系统三维示意图

二级隔振系统采用"T 形台 + 空气弹簧"气浮平台系统设计方案，主要构成包括支墩、空气弹簧、T 形台、空气压缩机、多功能操作平台。

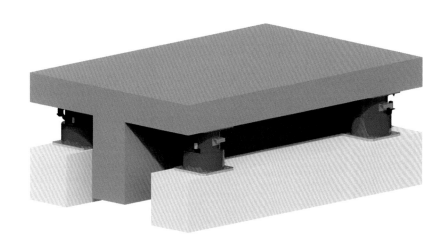

●二级控制——气浮平台系统三维示意图

一级隔振系统采用"大体积混凝土基础 + 聚氨酯减振垫"的设计方案，主要构成包括基础垫层、基础支墩、减振垫、大体积混凝土基础。

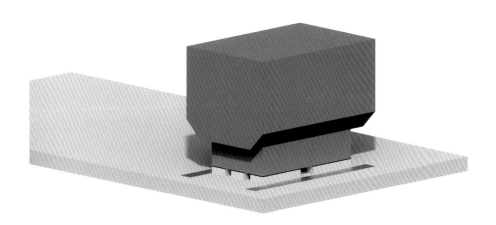

●一级控制——刚性系统三维示意图

走廊下方空间搭设独立支撑钢梯

利用走廊角落空间设下行通道，在首层对应位置开口，日常用盖板遮挡。沿墙壁搭建钢筋梯，便于人员出入地下空间，为检修、养护和更换设备通道。不仅为人员更换设备提供空间，同时可设简易龙门吊、吊装激振器等设备。

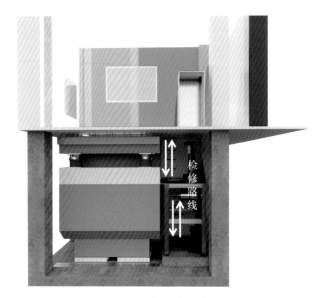

● 检修通道三维示意图

● 简易龙门吊三维示意图

检修流程

（1）人员从侧方进入更换通道，利用升顶装置将T形台顶起，使空气弹簧不再承受T形台压力，松开空气弹簧固定螺栓。

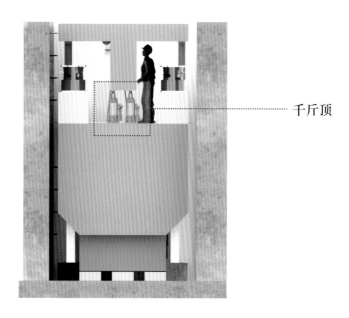

千斤顶

（2）人员可在侧面搭建的操作平台，使用工具将空气弹簧逐个拉至带有滑轮的压缩机上，将待更换的空气弹簧逐次取下。

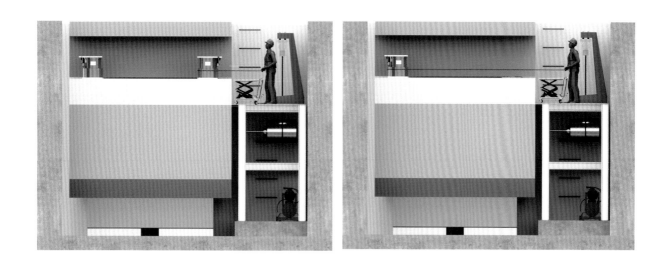

（3）将空气弹簧运至开口处，可用升降机将空气弹簧升起送至首层，完成运输全过程。

运维监测方案

为了实时监测每级隔振系统的隔振效果，判断振动是否超标，能否达到隔振要求，建立振动监测预警系统。

振动监测主要在运维阶段的连续监测，监控周期为 7×24h 不间断监测，是有效针对后期工程环境变化改善控制效果的必要手段；振动监测预警系统可实现数据同步性读取、时频可视化对比、参数准确性分析，并每间隔 5min 计算一次有效值，发送每日的振动趋势曲线。

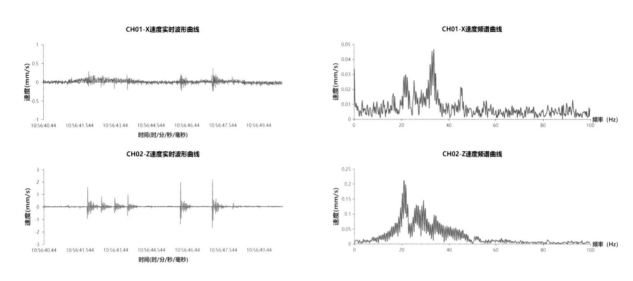

● 区域监测测点坐标动态显示图

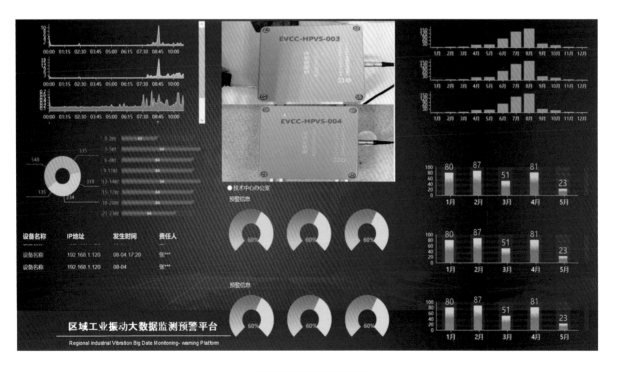

● 风险预警信息显示图

某大学超静室隔振及一体化感知

案例概况

　　某大学实验室超静试验区为房中房结构，内层的超静室被 256 个空气弹簧托举支撑，利用空气弹簧极低的基础频率（＜ 2.5Hz）实现超静室与外部建筑的柔性连接，使外部振动被隔离在超静室外。

　　在超静试验区启用时，需用空气弹簧升降系统将超静室顶升 100mm，实现与底层刚性支撑基础的脱离，同时升降系统还需具备回落能力，将被顶升的超静室安全地落在刚性支撑基础上。在此期间，超静室在空气弹簧的支撑下进行低环境振动下的科研工作。

　　出于安全考虑，空气弹簧的控制系统需重点设计，以确保起静室在顶升和回落过程中不出现结构形变与空间扭转。在顶升或回落过程中，可加装辅助刚性支撑系统，提供额外的安全保护。为提高结构顶升和回落过程中精细化控制，提升全过程的感知能力，配备相应的动态位移、应变、倾斜和振动监测系统，实现对超静室房间形变量、倾斜量等的实时监控。

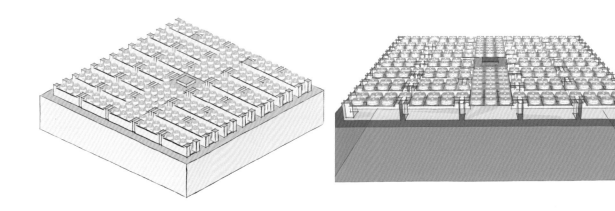

● 超静试验区底部方案线稿图　　　　　　　　● 超静试验区底部方案三维图

设计思路

空气弹簧分区式布置方案

　　初步按每 4 个相邻的空气弹簧中部安装 1 只激光位移传感器，256 个空气弹簧被分为 62 个控制区。在超静室单次步进过程中，监控系统对这 62 个控制区的推进高度进行监视，给气遵循高慢低快的原则，确保 62 个控制区的单次行进步长为 5mm。在超静室的围墙上各安装 4 个（共计 16 个）激光位移传感器，测量超静室围墙和外围挡之间的水平间距，并控制侧面气囊进行横向推动或收缩，保证水平间距维持不变。

● 控制区分割设定平面图

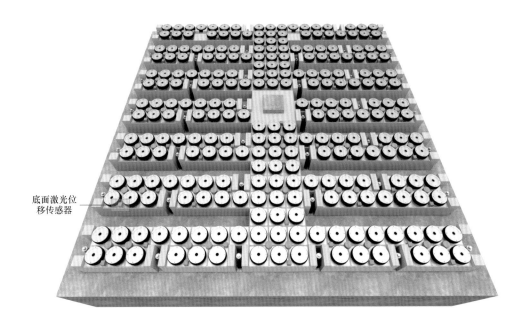

底面激光位移传感器

● 控制区分割设定三维示意图

步进式升降轨迹设定

空气弹簧在单次大行程下稳定性有所降低，给系统增加了较多不可控因素。为此采取步进式行进策略，防止持续升降下的误差累积，并在房屋晃动时的快速稳定。在超静室的抬升和下降过程中将 100mm 的行程分割为 20 段，即单次步进 5mm。每完成单次步进后都等待超静室恢复平稳，平稳后进行下次行进，保证每次行进前后超静室都处在稳定状态，降低系统风险。

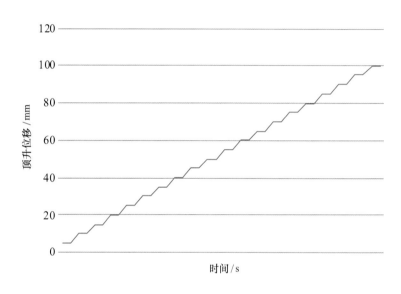

平台顶升位移 - 时间图

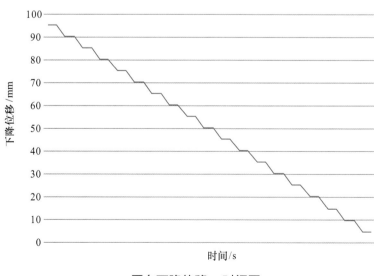

平台下降位移 - 时间图

硬限位跟随式控制

为进一步提升安全冗余度，超静室下有电动缸跟随空气弹簧进行步进式行进，电动缸的单次步进行程为 4mm，以提供意外情况下的刚性支撑，时刻防护房屋安全。

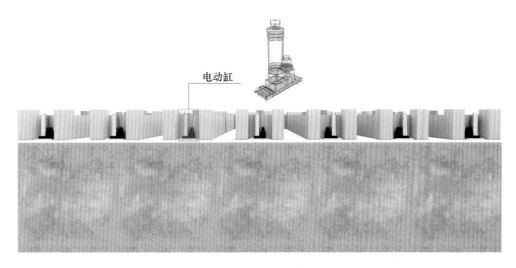

● 硬限位三维示意图

● **侧墙空簧控制**

侧墙空簧重点防止房屋整体单向滑移、房屋沿 Z 轴旋转。具体执行方法如下：

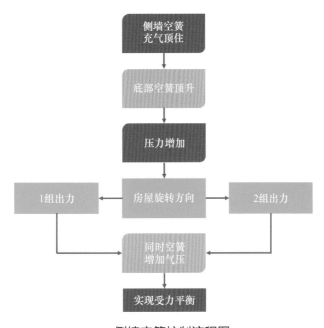

● 侧墙空簧控制流程图

超静室一体化监测系统

超静室是活动式建筑结构，且会出现整体抬升、下降的情况，状态感知的重要性无需赘述。结构安全需要监测的参数为：超静室的空间位置、倾斜角、结构应变、内部微振动，以及各空气弹簧控制区的气泵气压。上述参数采用不同的传感器实现测量和采集。

类型	数量	功能
底面激光位移传感器	62	测量控制区升起高度
侧面激光位移传感器	16	测量超静室横向位移
气压计	62	监测控制区气囊气压
双轴倾角仪	1	测量超静室倾斜
应变片	37	测量超静室墙体形变
941B 拾振器	2	测量超静室微振动

空间位置测量由分布在超静室下方的 62 个和侧方 16 个激光位移传感器实现，并根据数据解算扭转角；超静室的倾斜测量由双轴倾角仪实现，用作评估当前倾斜度；结构应变由贴敷在超静室外表面的 37 只应变片完成测量（每面围墙各 5 只，底面 17 只）；内部微振动测量采用两只 941B 型微振动拾振器实现，用作判断内部环境稳定性。

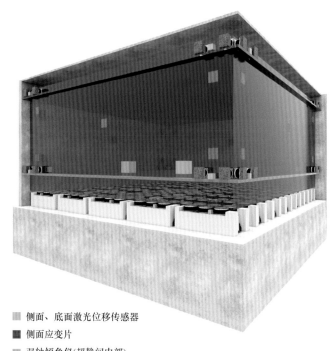

■ 侧面、底面激光位移传感器
■ 侧面应变片
■ 双轴倾角仪(超静间内部)

● **超静室侧面与内部位移应变传感器分布图（建筑轴测图）**

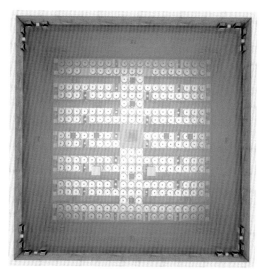

■ 侧面激光位移传感器
■ 底面应变片
■ 双轴倾角仪(超静间内部)
■ 拾振器(超静间内部)

● 超静室底面应变片分布图（建筑顶视图）

　　每 4 只空气弹簧组成一个控制区，并采用一个气泵进行供气，内置气压传感器实时监测气压，并将气压数回报给监测系统。当气压异常降低时监测系统判断控制区内出现气囊漏气问题，自动触发提升电动缸等紧急操作，并发出警报通知运维人员。

　　现有开发的振动数据监测平台具备图形化数据显示交互界面，可分组、分类、分区查看不同类型传感器的示数，所有数据流均可实现上传，实现多客户端、多类终端的远程访问交互。还可自行设定安全阈值，提供超限报警功能。

板块三　动力设备强振动控制

某医院楼顶风机振动与噪声超标控制

某大学建筑楼顶风机组振动超标控制

某厂区楼顶香蕉筛设备振动超标控制

某机场二次雷达塔台振噪磁控制

某水电站发电机组振动超标治理

某医院住院部动力设备振动危害控制

汽轮机组基座立柱与主厂房联布减振

无尘零损多功能减振机架沿革历程

某医院楼顶风机振动与噪声超标控制

案例概况

　　某市人民医院新住院大楼的洁净区位于建筑第三、四层，洁净区的 2 个空调机组放置在该楼栋十八层顶板。建设初期，为控制空调机组的振动，机组下方设 6cm 厚的橡胶垫和 20cm 厚的钢筋混凝土基础。空调机组所在位置的正下方（十七层）为医院病房，由于橡胶垫老化，空调机组开始工作后，下部病房内振动噪声较为严重，病房内医护工作者及病人为此深受困扰。

● 楼顶风机实拍图　　　　　　　　　　● 风机底部橡胶垫实拍图

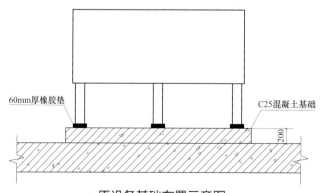

　60mm厚橡胶垫　　　　　　　　　　　　C25混凝土基础

● 原设备基础布置示意图

案例难点

减振机架的设计难度大

主要体现在空调机组的尺寸大、质量重，且空调机组及管道均已安装完成，因此空调机组底部的减振机架安装空间极为有限。

计算过程复杂

为了达到更好的减隔振效果，需进行多次静力学受力仿真、动力学振动衰减仿真、可靠性验证等设计计算过程。

实施精细度要求高

改造实施过程的精细化设计与管理。为保证改造过程中空调机组及其连接管道的安全，把改造过程中的设备安装高度误差控制在小于 10mm，将针对性地定制及配备精细化实施方案。

设计思路

为了不对空调的运行造成影响，导致楼下病房内部无法正常运转，本方案对空调管道的布局不做改动，在设备不停机的情况下，拟充分利用原有隔振橡胶垫的空间，首先使用若干千斤顶将空调机组顶起后，移除橡胶垫，再将已按照设备尺寸装配完成的减振机架整体置入空调机组底部，保障设备功能稳定的同时实现减振降噪的效果。

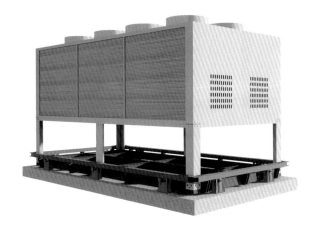

● 风机减振方案三维示意图

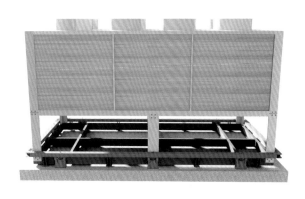

● 风机减振方案俯视示意图

📖 外挂摇篮式减振机架特征

方案采用外挂摇篮式减振机架对楼顶风机进行减振，机架主要由临时支撑单元及配件、水平向独立阻尼器、三向防撞器等构成；另外在施工技术方面，由无尘化切割工艺、摇篮式外挂工艺、成套零部件组装工艺、系统置换工艺、调平方法、临时支撑拆除等效荷载标定等工艺构成。

该方案从总体上具备了对于地震动（以水平向为主）、设备振动（以竖向为主）的两种动力作用效应的控制功能，并实现了可装配、易装配的施工性能。

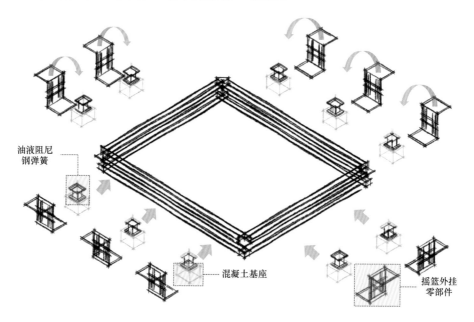

油液阻尼
钢弹簧

混凝土基座

摇篮外挂
零部件

● 外挂摇篮式减振机架手绘图

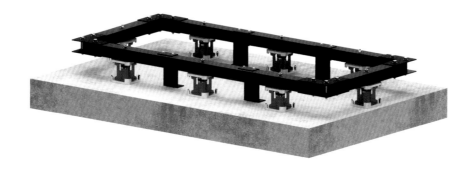

● 外挂摇篮式减振机架三维示意图

● 外挂摇篮式减振机架局部三维示意图

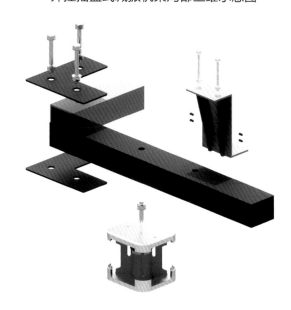

● 装配式减振机架示意图

📑 案例结论

（1）不拆除已有空调机组及管道。

（2）装配式减振机架缩短施工周期且实现施工过程无尘化。

（3）减振机架配备有效限位及安全防护装置。

某大学建筑楼顶风机组
振动超标控制

案例概况

　　某大学内建筑楼顶风机运行时产生较大的振动危害。楼顶风机运行时，由于叶片转动不平衡离心力以及厨房换风系统中放置在楼顶的风机及送风管道中的紊流扰动引发设备基础振动，该振动通过楼板、柱、梁以及其他构件逐层向下传递，并产生放大效果，这是造成下部室内楼板振动危害的主要原因。

　　如果不采取相应有效的振动控制措施，短期会造成结构舒适度降低，长期会造成结构性损伤危害（贯穿裂缝、保护层脱落、露筋等），而且会为后期再次进行改造和加固带来更大的技术难度和经济损失。

● 楼顶风机机组现场照片

设计思路

在原反梁两侧重新浇筑混凝土支座，将原空调机组跨过原反梁，平移搭在新建混凝土支座以及邻近反梁上。

综合考虑设备要求将减振机架内布设 6 组弹簧阻尼器。

由于将油烟机进行了抬高、移位处理，因此油烟机管道整体进行更改，主要是增设帆布管。即在通风管和油烟机接触处有明显高差的地方，利用柔性帆布，斜放处理。

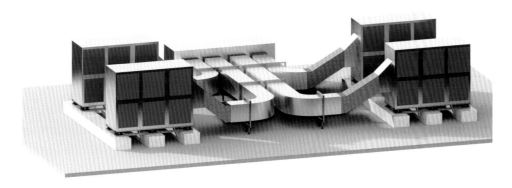

• 解决方案三维示意图

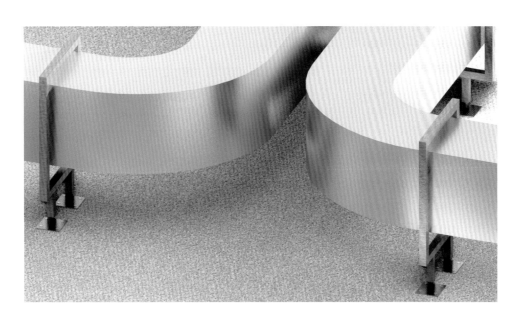

• 风管减振支撑架三维示意图

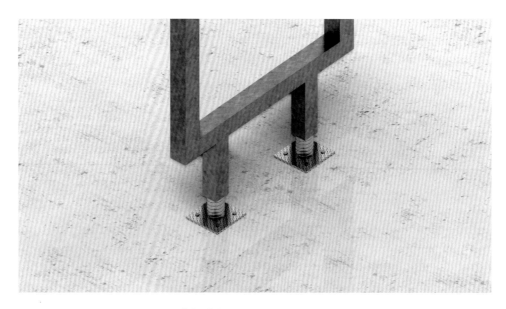

● 支架底部减振方案三维示意图

● 减振机架三维示意图

案例结论

振动控制效果

改造方案选用的是高性能定制化钢弹簧隔振器，相比较市场中价格低廉的钢弹簧减振器，该类产品的主要优势为：

（1）针对性的固有频率设计，保证振害中的峰值频段的隔振效率最优。

（2）适合的阻尼设计，能够有效地降低风机设备的自身振动幅值，有效降低设备的运行损耗，延长使用寿命。

（3）楼盖振动加速度显著降低，风机自身减振效率大于70%，确保结构安全。

方案优化项	优化数值
风机自身振动幅值	减振效率 > 70%
风机基础屋面	减振效率 > 85%
使用寿命	> 10 年（施工期 <30d）

总体方案优势

（1）传统方法多是点式弹簧，本方案为减振整体机架，其整体振动控制性能优异。

（2）传统弹簧一般无阻尼或低性能阻尼（如橡胶等），本方案中加入了高性能油液阻尼材料，可有效抑制共振及峰值，效果显著。

某厂区楼顶振动筛设备
振动超标控制

案例概况

　　某厂区振动筛设备安装在五层楼顶，其空载运行时造成自身基础部位和结构楼板振动体感过大，前期初步测试估计振动超标，鉴于恐对设备自身运行功能性和建筑结构安全性造成危害，影响自身使用和周边结构，应业主和设计单位要求，开展振动测试，并基于测试结果进行振动控制方案设计。

　　本案例振动控制指标包含振动筛基础振动限值和结构楼板振动限值两方面，即需要同时评估设备正常运行与建筑结构生产操作区的人体舒适度要求。

● 现场概貌图一

● 现场概貌图二

● 现场概貌图三

设备振动问题成因

（1）在设备启动、停机过程中隔振系统及楼板结构固有频率被激发，产生局部共振效应。

（2）设备启、停机过程，设备扰动分别激发了原隔振系统和结构楼板局部共振，不仅仅是竖向，在水平向同时存在严重超标。减振装置需要同时具备 X 方向（设备轴向）、Z 方向（竖直向）的减振和耗能作用。

（3）设备基础东西两侧振动水平差别较大，存在不平衡扰力。需充分考虑两侧设备质量（尤其是扰力作用）不均衡影响，进行承载力、刚度等动力参数差异化设计。

（4）当前结构楼板错频率冗余度不高。需要结合前述的几个问题采取减隔振措施，同步选择以调谐耗能为主的控制方案。

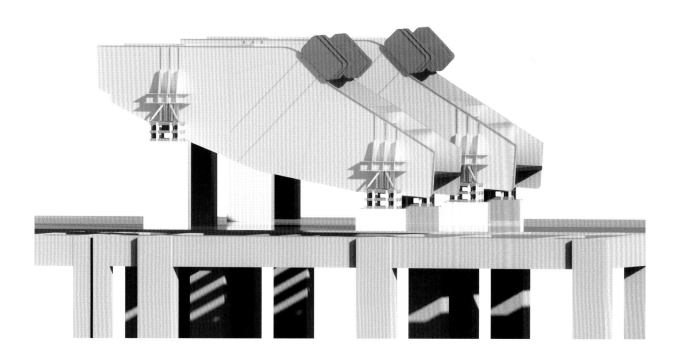

● 减隔振方案三维示意图一

振动控制系统的定制化难点

难点一：系统振动能效与减振效应平衡优化设计。由于振动筛与常规工业用振动筛、制粒机、落砂机、锻锤等较为相似，该设备的主要工艺是利用不平衡旋转机制把机械动能转换为振动筛的周期往复动能，并形成具有一定速度和往复运动位移的工艺要求，进而对筛料进行筛分，最终实现振动筛的工艺指标和产能。所以振动能效在设计时首先要保障，但是同时要解决振动时对周边环境的危害，必须对支撑系统的约束进行同步改造，形成一定程度的调谐与耗能减振机制。保障发振的同时又要避免振动过大，这是方案设计的难点之一。

难点二：大型动力装备工程现场不确定性影响控制。由于冶金类大型动力装备工程现场设备类型多、建筑结构围护多、堆料和辅件多，导致其工程现场往往具有很多的不确定性，对于振动控制而言需要的是精确性控制，所以在设计好振动控制装置后，必须保证其装置内部动力参数可调节，在其就位、安装、替换过程中，可以通过现场实测，即边测试、边微调的方式，实现对振动控制装置的精细化、精准化设计与安装，以解决工程现场不确定性对振动控制方案效果造成的偏离影响。

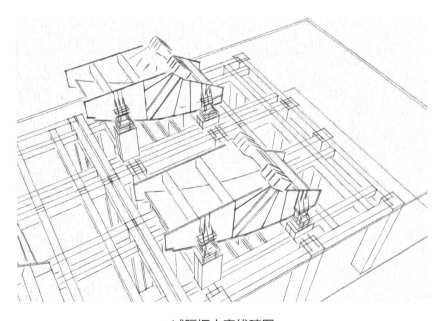

● 减隔振方案线稿图

● 减隔振方案三维示意图二

📖 设计思路

（1）临时支护系统。基于现有振动筛设备结构情况，在原弹簧基础周边设置支承点，采用临时支护系统对设备进行局部承载升顶，置换掉其中的弹簧元件。

（2）研制混合多向一体化减振装置。充分考虑振动筛发振振动能效和对周边建筑结构减振效应优化，确保振动筛在服役过程中产能不会损失，并降低对环境振动危害。

（3）混凝土支墩顶部型钢等效外扩支撑端头结构。该部分主要是由于原弹簧替换后，需适当提升支撑面的刚度。

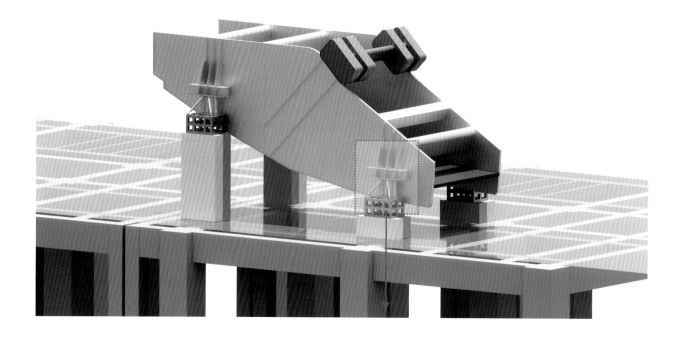

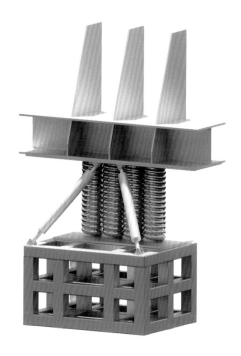

● 混合多向一体化减振装置三维示意图

案例结论

案例考虑振动能效和减振效应优化的多向振动控制装置置换技术后，其改造前后的振动控制装置对设备工艺性能、环境振动、设备系统、建筑结构系统等带来的优势见下表。

编号	内容	改造前	改造后
1	满足发振能效	基本满足	满足
2	竖向是否超标	超标 200% 以上	符合标准（裕度大于15%）
3	水平向是否超标	超标 30% 以上	符合标准（裕度大于15%）
4	额定转速共振	不共振	不共振
5	楼板是否共振	启、停共振	不共振
6	弹簧基频共振	启、停共振	共振但抑制不超标
7	支撑系统刚度	刚度对称，作用不对称，动（静）变形不一致，易失稳	刚度不对称、作用不对称、动（静）变形一致，不易失稳
8	对设备主体影响	偏心作用放大，降低设备寿命	偏心作用降低，提升设备寿命
9	建筑安全性影响	振动超标，结构易疲劳破坏	振动达标，结构耐疲劳破坏
10	振动装置寿命	简易、外漏，易腐蚀寿命低	系统、封装，无腐蚀寿命长

某机场二次雷达塔台
振噪磁控制

案例概况

　　某地机场距市区 7km，机场性质为国内中型支线机场，飞行区等级 4D。本案例新建塔台位于现有通航服务楼和通航机库的西侧的预留发展用地，用地面积约 6073m²。塔台共十一层，建筑高度为 66.15m。塔台顶层设有二次雷达与塔台明室，用于开展空管工作。

　　机场塔台顶层设立航管人员的工作空间（明室），能 360° 俯瞰机场，是核心空管设施，为机场内最高建筑。将二次雷达架设于塔台上方，形成合建方案，在满足二次雷达与机场塔台场地建设要求的同时，能够减少雷达塔楼的重复建设成本，提高了机场空间利用率。该合建方案属国内首例。

　　本案例除了二次雷达天线旋转时带来的振动噪声影响外，甚高频天线位置低于塔台管制室，存在电磁波辐射风险。因此，在振动、噪声、电磁屏蔽方面均需进行方案设计。

● 机场塔台指挥室及二次雷达间三维示意图

📖 设计思路

本设计方案面向塔台二次雷达、马达及基座构成的系统运行对顶层指挥中心构成的振动、噪声、电磁辐射危害，进行系统性振动控制。

（1）减振：通过在雷达室主要马达设备间上部设置"支承式低频高耗能减振机架层"，在支撑部位配置精密可调的钢弹簧阻尼器单元，通过调谐频率和优化阻尼，并充分考虑质刚重合、增加惯性矩等方法，进行减隔振。

（2）降噪：共设置三道防线实现降噪。通过对雷达室马达间的墙、顶、地分别增设吸声降噪层的方式，实现第一道防线的保障措施，具体做法为：在马达间内部四周围墙及地面（包括雷达天线罩内马达间外的地面）增设由纤维声学棉、隔声板以及吸声涂料构成的强化隔声层，顶棚则设置贴有同样隔声层的吊顶。

在马达间内部电缆沟进出口位置及楼板洞口周圈增加软性隔声防火胶泥封堵作为第二道降噪防线。

将塔台指挥室内通向屋顶的钢爬梯做隔声玻璃围挡，形成封闭式楼梯间作为第三道降噪防线，阻止噪声外泄。

（3）电磁屏蔽：隔电磁波预案的实施方式为在塔台指挥室屋顶楼板内嵌电磁屏蔽网。试运行后进行环评测试，最大程度保障空管人员的人身安全。

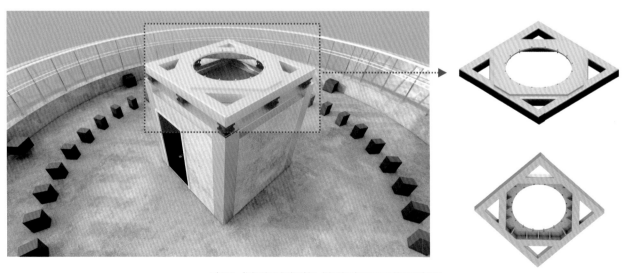

• 支承式低频高耗能减振机架层三维示意图

隔声顶板

吸声墙面

隔声门

隔声电缆沟

复合吸声地板

● 一道防线——马达间降噪措施示意图

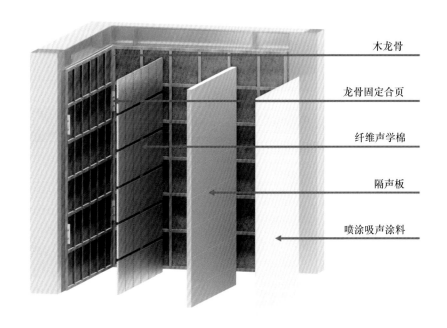

木龙骨

龙骨固定合页

纤维声学棉

隔声板

喷涂吸声涂料

● 马达间墙面吸声降噪做法示意图

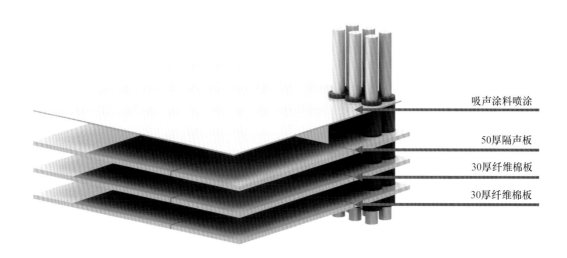

吸声涂料喷涂

50厚隔声板

30厚纤维棉板

30厚纤维棉板

● 马达间地面吸声降噪做法示意图

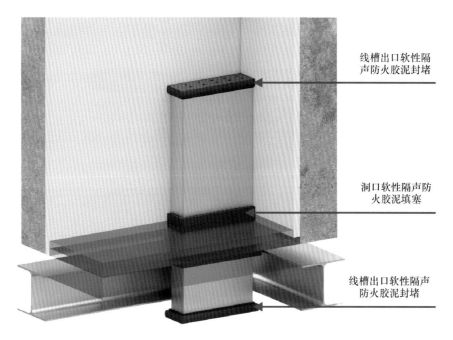

线槽出口软性隔声防火胶泥封堵

洞口软性隔声防火胶泥填塞

线槽出口软性隔声防火胶泥封堵

● 二道防线——线缆槽降噪措施示意图

隔声玻璃

• 三道防线——指挥室降噪措施示意图

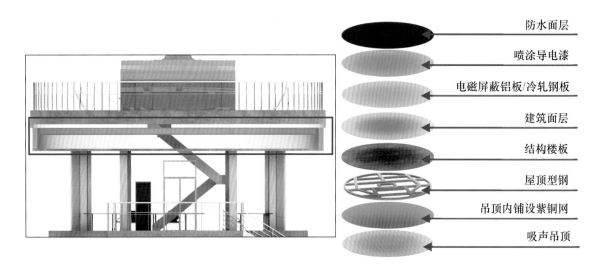

防水面层

喷涂导电漆

电磁屏蔽铝板/冷轧钢板

建筑面层

结构楼板

屋顶型钢

吊顶内铺设紫铜网

吸声吊顶

• 电磁屏蔽方案图

案例结论

振动控制目标：二次雷达与雷达室地板之间的减振率为 85%，雷达室地板上振动加速度不高于 200mm/s^2。安装完成后需进行调平检验，在二次雷达的运行过程中，天线基座倾斜度不得超过 0.1°。

噪声控制目标：喷涂吸声材料，加装隔声顶板和地板、封闭管线井后，塔台明室内的噪声需低于 55dB。

电磁控制目标：塔台明室内雷达波在 1030MHz 频段上电场强度不高于 28V/m，磁场强度不高于 0.075A/m，功率密度不高于 0.5W/m^2。

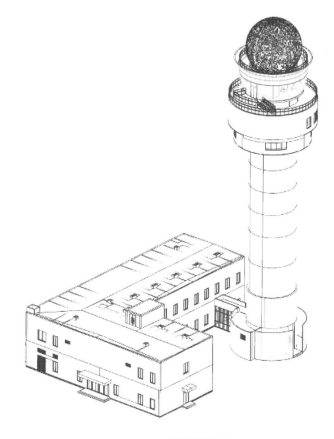

● 航管楼线稿图

某水电站发电机组振动
超标治理

案例概况

　　某水电站装设 4 台 60MW 的混流式机组，机组在投入运行以后，站房一直受到机组振动、噪声的困扰。自 2012 年建成并网发电以来，一直低负荷运行。2019 年水电站开始进行水轮发电机组满负荷运行，但满负荷运行 5 天后，电站的 GIS 楼出现异常振动，其中部分电器与建筑设施（如 3 号机组母线管道、隔离开关、附近货架爬梯等）振动显著加大。为保障电站正常运行，需要对 GIS 楼的振动超标进行治理。

● 水电站内实拍图

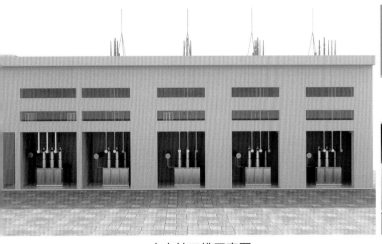

● 水电站三维示意图

● 水电站内三维示意图

案例难点及设计思路

为了更清晰地了解 GIS 楼振源情况，分别于不同日期对 GIS 楼的设备进行了五次振动测试。

测点布置图

测点 3、8 为楼板地面测点，测点 2、4 和测点 12 为低管部分，测点 1、7、9 为高管部分。

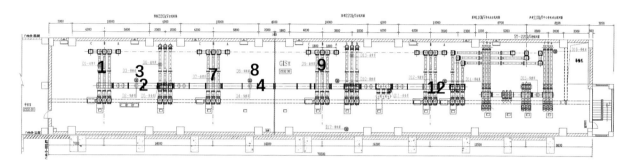

● **测点布置图**

测试结果分析

通过对 3 号测点和 8 号测点的测试，楼板 x 和 y 方向的振动以 5.5Hz 的振动为主，幅值不大，该频率与水轮机的工作频率一致；而 z 方向的振动以 99Hz 的振动为主。5 天不同时间的测试结果基本一致。

通过对 2、4、12 号低管测点及 1、7、9 号高管测点的测试，设备 x 和 z 方向的振动以 99Hz 的振动为主，而 y 方向的振动以 5.5Hz 为主。5 天不同时间的测试结果基本一致。

GIS 高压电气设备振动超标治理难度

常规减隔振产品主要包括橡胶垫减振器、橡胶减振器、钢弹簧阻尼减振器、空气弹簧减振器。橡胶垫或橡胶减振器的基频一般在 10Hz 以上，14Hz 以上开始减振；钢弹簧阻尼减振器基频在 3~6Hz，5Hz 以上才能开始减振；空气弹簧固有频率在 1~1.5Hz，从 2.0Hz 开始减振。因此，GIS 楼二楼的电气设备减振可选用钢弹簧阻尼器，或选用空气弹簧隔振器。楼内电气设备为细长型和高耸型组合设备，改造难度较大，具体表现为：

（1）相比较而言，空气弹簧隔振器造价较钢弹簧阻尼器贵，但钢弹簧阻尼隔振器的基频与水轮机的工作频率很接近，如果设计不当，容易造成设备共振。

（2）减振机架的设计难度大。主要体现在现有设备的尺寸大、质量重、相关设施设备均已安装完成且正在使用，底部的减振机架安装空间极为有限。

（3）需根据负载对减振器进行定制化设计，目的是保证改造后的安装高度与现有安装高度尽可能接近。

（4）根据现场振动测试数据进行减振器阻尼系数的配比调制，确保实现合理的设备阻尼耗能及减振的有效衰减。

（5）不停机改造，因此在改造实施过程中需进行精细化设计与管理，采取针对性的定制及配备适当的提升工装，将改造过程中的设备安装高度误差控制在小于10mm，确保改造过程中原有设备的运行安全。

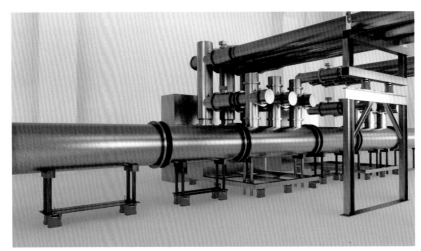

• 减振方案局部三维示意图一

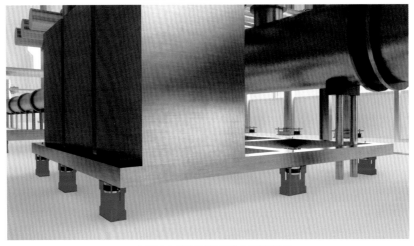

• 减振方案局部三维示意图二

● 减振方案局部三维示意图三

● 减振方案局部三维示意图四

为了尽可能减少甚至不对设备运行造成影响，不改动现有设备的布局，本案例拟充分利用现有空间，经过现场实地测量，在工厂预制好减振支架，尽量减少现场焊接施工，之后采用若干个千斤顶把设备升起，采用整体托换的方法将原有支撑替换为钢弹簧阻尼隔振器或空气弹簧隔振器。

由于拟采用的减隔振装置的高度具有一定的可调节性，故该减振机架可满足楼内设备及管道的高差要求。

案例结论

与常规类似案例的振动处理方案相比，本方案不拆除已有设备及配套管道、且不用停机就可以进行振动超标改造。

减振机架配备有效限位及安全防护装置，确保在振动及地震作用下设备不遭受破坏。

成本可控，后期维护便利。

某医院住院部动力设备
振动危害控制

案例概况

　　某医院一期工程负一层制冷机房换热站内设置了空调机组、冷却泵和相关配套设施，当前空调机房内相关设备尚未满负荷运行，在冷水机组和冷却泵位置楼板有振动现象，特别是其对应位置的上部一层振动与噪声感觉明显，二层、三层振动与噪声感觉稍弱。根据现场踏勘，初步判断主要振源为负一层制冷机房换热站内的冷水机组（包含离心式冷水机组和螺杆式冷水机组）及冷却泵机组。

　　该案例负一层为最底层，不存在设备上楼问题，其主要振源为冷却泵机组和冷水机组，冷水机组运行产生的噪声问题较为突出，冷却泵机组是引发振动问题的关键设备。因此，需要采取隔振、减振措施，以降低或消除目前已经出现和未来可能造成的振动危害，确保医院内部使用功能维持正常状态。

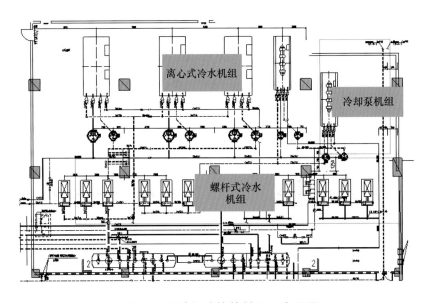

● 负一层制冷机房换热站平面布局图

● 负一层制冷机房换热站三维示意图

案例难点

（1）减振机架的安装难度大。主要体现在冷却泵机组与管网系统均已安装完毕，留给设备底部的减振机架安装空间极为有限。

（2）需根据负载对减振机架进行定制化设计，保证改造完毕后的冷却泵机组安装高度与原有高度的误差小于5mm。

（3）改造实施过程的精细化设计与管理。为保证改造过程中空调机组及其连接管道的安全，将改造过程中的设备安装高度误差控制在小于10mm。

设计思路

该案例结构的主要振动频率分布在高频部分，结合《动力机器基础设计标准》（GB 50040—2020）的设计规定，对原方案进行了局部优化设计。

冷却泵及冷水机组减振

该案例中主要的振动频率均为高频振动，低频振动影响非常小，利用基于远离卓越频带避免局部共振的减振原理，可以在冷却泵底座设置弹簧油液阻尼减振机架，弹簧油液阻尼减振机架的自振频率设计范围为 3~6Hz，其相当于低频滤波器，可以大幅减小楼板共振效应，并利用阻尼器耗散振动的大量振动能量。

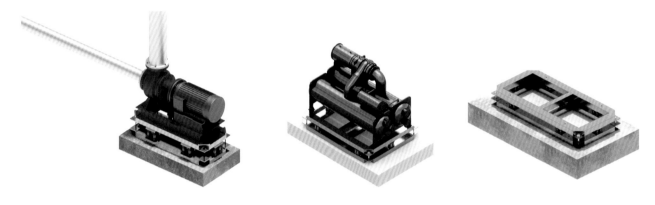

● 冷却泵减振方案三维示意图　　● 冷水机组减振方案三维示意图　　● 减振机架三维示意图

冷水管组连接处减振思路

当前水管连接位置为刚性连接，对振动具有放大作用，本案例将原方案更换为橡胶软连接方案。为防止该产品在长期使用中自然萎缩和减少老化破裂，采用网状钢丝进行保护，可降低振动及噪声，并可对因温度变化引起的热胀冷缩起补偿作用。

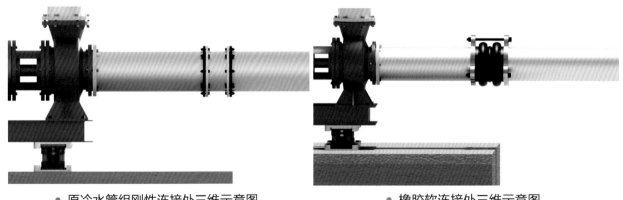

● 原冷水管组刚性连接处三维示意图　　　● 橡胶软连接处三维示意图

冷水管组悬吊、支撑处减振思路

该案例中部分管道系统通过刚性的悬架结构方案与一层楼板连接，这在一定程度上对一层底部楼板振动起到了放大作用。据此，对部分冷水管组原悬架式方案更换为在管道下部增设一道钢梁，并在钢梁下方加装弹簧与吊架相连，且钢梁与吊架结构脱开，振动由管道经弹簧调频后传递至吊架。

部分管道系统的支撑结构采用刚性连接与地面相接触，无任何减振措施，管道振动通过支撑直接传递至地面，无任何衰减并存在放大风险。对此，将原门式钢架冷水管组刚性连接更换为软连接方案。

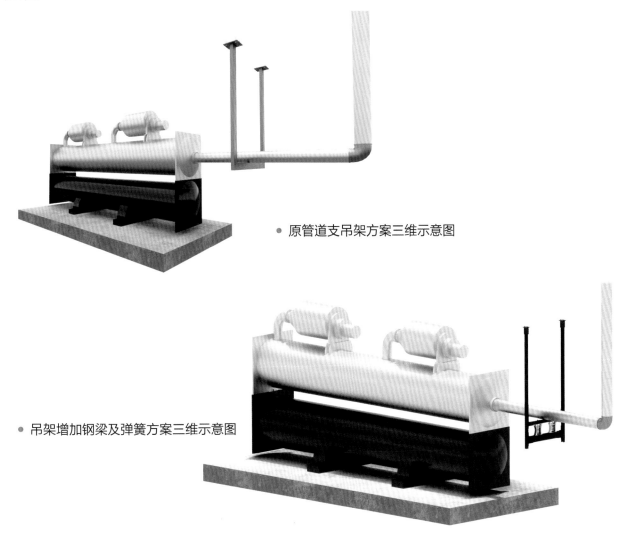

• 原管道支吊架方案三维示意图

• 吊架增加钢梁及弹簧方案三维示意图

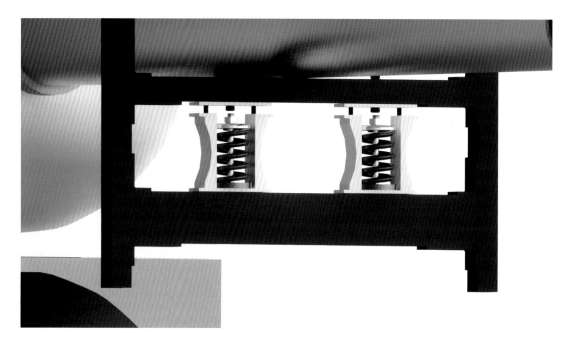

• 吊架增加钢梁及弹簧方案局部三维示意图

管道减振软托

门式支撑横梁

门式支撑立柱

门式支撑柱脚

柱脚软性支撑

• 支撑门架软连接方案三维示意图

管道穿墙、楼板结构减振思路

本案例中，管道穿墙、楼板结构采用刚性连接，导致管道振动直接传递到楼板，且管道与墙及楼板间存在间隙，致使空气声的传播，对振动与噪声控制均非常不利。拟在管道穿过位置采用柔性套管方案，并用隔声材料填充间隙。

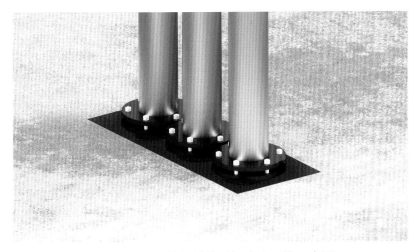

• 管道穿墙、楼板结构减振方案三维示意图

案例结论

（1）无损不停机施工技术。本方案不会对原冷却泵机组及管道产生损害，并且可以在设备运行条件下进行施工作业。

（2）减振机架的各项参数设计均通过数值模拟计算，能够保证其隔振效果。

（3）减振机架配备有效限位及安全防护装置，保证设备使用安全。

• 改造后照片

汽轮机组基座立柱与主厂房
联布减振

案例概况

本案例为实现汽轮机发电厂房扩能升级改造案例工程，将厂房内两台 1000MW 高效超临界二次再热湿冷燃煤发电机组基础与厂房基础进行联合布置。国内目前采用的汽轮机隔振基座有独立的岛式布置、与主厂房框架整体联合布置及汽轮机高位布置等。

本案例拟采取的基础布置方式与以往的联合布置不同：

（1）本工程汽机轮发电机采用新型二次再热机组；

（2）基座柱网、主厂房柱距及布置等与以往工程均不一致；

（3）两台汽轮机均采用弹簧隔振基座在运转层平行布置。

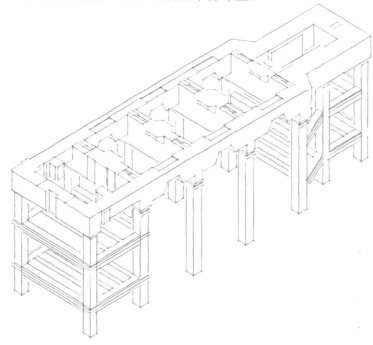

• 汽轮机基座线稿图

以往案例中，设备的振动通过弹簧将振动隔离，使设备的振动不会传至下部的支撑结构，同时地震时通过弹簧隔振将地震作用进行隔离，减小地震作用对汽轮发电机组的破坏，保护设备与基础的连接点的安全。

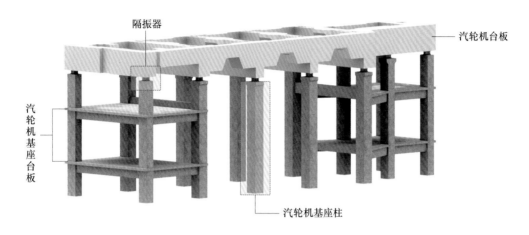

• 汽轮机基座三维示意图

案例难点

本案例将隔振基座立柱与主厂房结构整体联合布置，与以往工程的联合布置不同，汽轮发电机采用新型二次再热机组，给水泵为新型抽气背压式给水泵汽轮机组，主要难点如下：

（1）工艺布置突破传统。由于主厂房和两台汽轮机隔振基座的支撑结构联合布置成为一个整体，工艺设备和管道的布置不同于常规设计。

（2）隔振基座联合布置后的主厂房框架整体结构模型抗震性能分析是本案例的最难点。

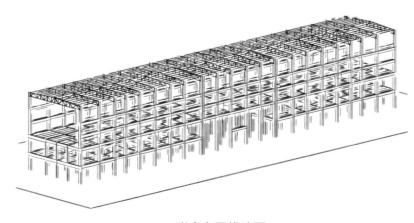

• 联合布置线稿图

📖 设计思路

（1）通过初步分析计算，确定基座立柱与厂房立柱的连接方式及布置方案，包括汽轮机发电机隔振基座的布置、汽动给水泵－背压式汽轮机隔振基座的布置，确定弹簧隔振器的相关参数。

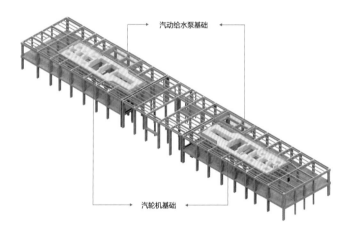

● 联合布置方案三维示意图

（2）汽轮机发电机二次再热机组与一次再热机组相比，机组轴系更长，动荷载增加，轴系振动控制更为敏感。采用了弹簧隔振体系，尽量减少弹簧隔振器之上的荷载，比如消除或减少汽轮发电机的真空吸力。

● 联合布置方案局部三维示意图

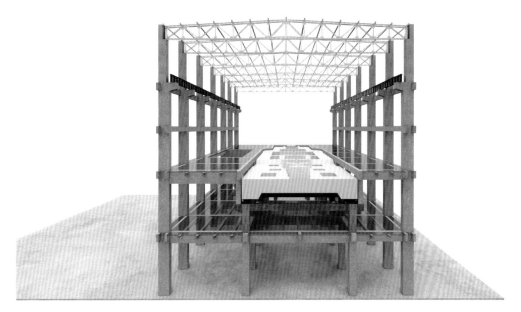

● 联合布置方案剖面三维示意图

（3）将基座下立柱与厂房立柱连接为整体结构布置后，厂房内的大平台柱与常规独立岛式布置相比可以减少一些，使厂房布置得到一定的优化，使弹簧隔振和基座下的支撑结构对整个厂房能够发挥有力的作用，提高整个厂房结构的抗震性能、改善结构的动力特性。最终达到设备运行和结构安全可靠，与常规的岛式布置相比产生一定的经济效益。

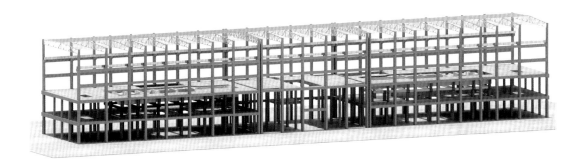

● 联合布置方案三维示意图

无尘零损多功能减振机架
沿革历程

减振机架 1.0：钢弹簧框架组合式隔振装置（分置）（2016 年）

【装置构成】采用方管钢焊接形成动力设备底座外轮廓可支撑搭接的两层矩形框架结构，并根据额定转速情况选择钢制弹簧减振器置放于两层框架之间，再进行现场就位和焊接固定，形成分置式的钢弹簧与矩形钢框架组合式隔振装置。

【功能特征】可以通过钢弹簧选型实现错频调谐减振功能，对于额定工作频率较高的小型动力设备具有一定减振作用。解决了既有工程传统混凝土惰性基础在无改造空间下振动难以解决的问题，在具体工程应用中，其性价比尚需要进一步充分优化。

【优劣特点】劣点：非定制化减振效率不高、减振器配置较低端、外观差。

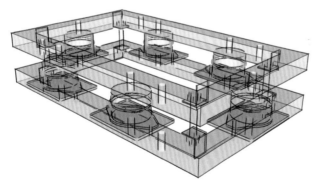

• 1.0 代减振机架手绘图

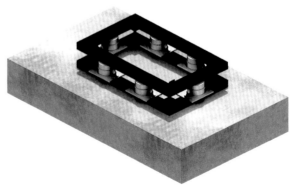

• 1.0 代减振机架三维示意图

减振机架 1.5：钢弹簧框架组合式隔振装置（一体）（2017 年）

【装置构成】总体与 1.0 代相似，考虑弹簧单元和框架能与外轮廓线一致，进行现场就位和焊接固定，再在机架结构外部增设一层金属板进行外封，形成一体化的钢弹簧与矩形钢框架组合式隔振装置。整套装置安装后，从外观看形成一个封闭的箱体。

【功能特征】与 1.0 代相似，且考虑了动力设备基座的减隔振效率、设备外观一致性、实施的高效性，并在方案制定过程中可与设备底座共同构成随着形状变化相匹配的振动控制机架装置。

【优劣特点】非定制化减振效率不高、减振器配置较低端。

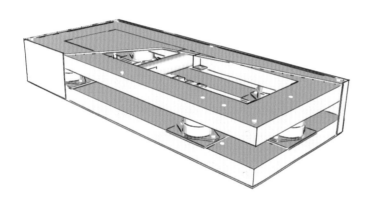

● 1.5 代减振机架手绘图

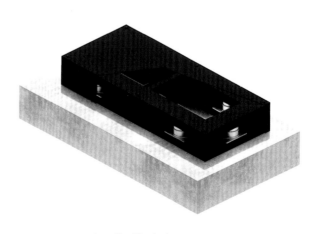

● 1.5 代减振机架三维示意图

减振机架 2.0：可定制化钢弹簧可变机架组合式隔振装置（可变）（2018 年）

【装置构成】由独立钢弹簧减振器、组合可变的刚性支撑架结构、支撑架定位限位器共同组成，能够自主设计调整相匹配的调谐弹簧单元，与机架元件可随意组装成型。

【功能特征】对组合式减振机架进行了调谐单元的定制化、可调化的精细设计，可以实现不同性能下的单元尺寸相同且易于调整，提升了弹簧单元的减隔振性能；对于上一代方钢机架进行了统一截面的单元化设计，设定了同样机架组合单元可以组合出不同尺寸规模的机架结构，实现了机架结构的可变组合功能。

【优劣特点】大幅改进了减振机架的单元化、模块化、装配化的功能，实现了通用小件易组装各类支撑的随形机架结构，整体将随形减振机架装置装配式性能提升了。

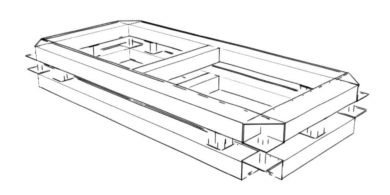

• 2.0 代减振机架手绘图

• 2.0 代减振机架三维示意图

减振机架 3.0：油液阻尼器可变机架组合式隔振装置（可变）（2018 年）

【装置构成】由独立钢弹簧与油液阻尼器构成的初代复合型振动控制单元、组合可变的刚性支撑架结构、支撑架定位限位器共同组成，能够自主设计调整相匹配的调谐振动控制单元，与机架元件可随意组装成型。

【功能特征】提升了 2.0 版本装置的减振机制，增设了可调阻尼单元，使减振机架系统既可以进行调频调谐，也能通过耗能减振，大幅提升了随形减振机架的稳定性品质，提升了其应用范围，对于立式旋转装备和冲击装备的振动响应具有明显的控制效果。

【优劣特点】增加了耗能机制单元，可以随形配置和调整，但是初代产品的精细化设计不足，且经济性尚有提升空间。

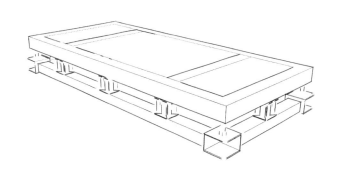

• 3.0 代减振机架手绘图　　　　　　　　• 3.0 代减振机架三维示意图

减振机架 4.0：通配式规格化调频耗能减振机架装置（2019 年）

【装置构成】由独立的调频耗能减振单元、通配式减振机架单元、定位和调平单元、独立的限位单元组合构成。

【功能特征】对于宽泛型支撑式动力设备基础具备规格化、标准化、通配化的组合装配功能，装配后的随形减振机架具有较为宽频的调谐减振功能，同时对于不同负载和容许标准下具备可调阻尼减振功能，且减振机架的整体减隔振精细化程度得到大幅提升。

【优劣特点】使调频耗能单元和机架配合具备了覆盖宽泛动力设备振动危害的规格化控制，系统精准性得到提升，同时产品的性价比得到大幅优化，节能零损的功能得到了体现。

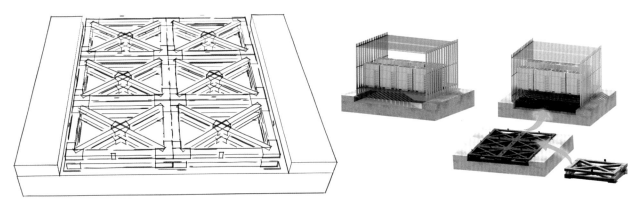

● 4.0 代减振机架手绘图　　　　● 4.0 代减振机架三维示意图

减振机架 5.0：通配式规格化调频耗能减振机架装置（2020 年）

【装置构成】装置构成包括两部分：一部分是装置系统，由临时支撑单元及配件、水平向独立阻尼器、三向防撞器等构成；另一部分是施工技术，临时支撑工艺、无尘化切合工艺、摇篮式外挂工艺、成套零部件组装工艺、系统置换工艺、调平方法、临时支撑拆除等效荷载标定等工艺构成。

【功能特征】该套技术从总体上具备了对于地震动（以水平向为主）、设备振动（以竖向为主）的两种动力作用效应的控制功能，其组合单元明显增多，仍以可装配、易装配为主。

【优劣特点】该套技术使随形减振机架装置的控制功能得到扩展，同时具备减振抗震功能，且具有极好的装配式功能。

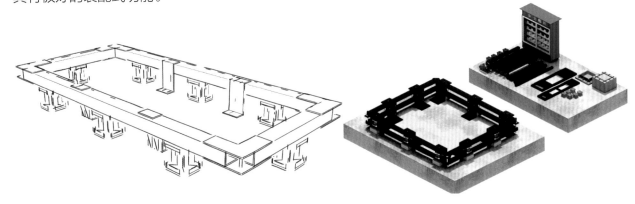

● 5.0 代减振机架手绘图　　　　● 5.0 代减振机架三维示意图

减振机架 6.0：设备随形综合减振机架装置（2021 年）

【装置构成】装置构成核心是独立型的综合隔振装置、随形装配式机架单元系统、等效碳排放核算方法等。可以利用 4.0 代装置进行单一振动控制或 5.0 代装置进行减振隔震控制，也可以利用独立型综合隔振装置进行单元直配式振动控制。

【功能特征】该套技术的功能涵盖了 4.0 代和 5.0 代的两种功能，同时也可以利用独立型综合隔振装置进行直接减隔振工程使用。经济性高、便捷性强、环保性好（零部件可循环使用、大量节约集群设备使用空间、提升设备升级改造的条件）。

【优劣特点】该套技术进一步拓展了随形减振机架的技术服务范围，其工程适应性得到提升，并融入了环保量化的设计方法。

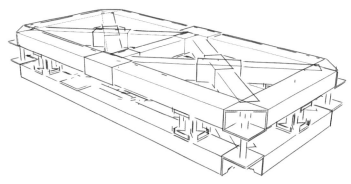

• 6.0 代减振机架手绘图

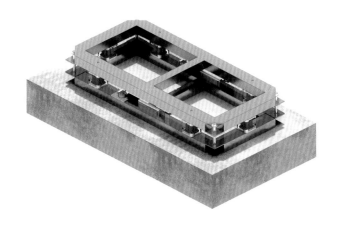

• 6.0 代减振机架三维示意图

板块四　科学实验装置振动控制

坦塌事故模拟实验平台基础振动控制

某大学引力波工程基础微振动控制

某光源项目模型试验及微振动特性分析

坍塌事故模拟实验平台基础
振动控制

案例概况

　　某大学结构坍塌事故模拟实验平台包括一台最大负载 180t、台面尺寸为 9m×9m 的振动试验台和三台最大负载 30t、台面尺寸 4m×4m 的振动试验台阵，由于四台振动试验台距离较近，故四台设备采用一体式反力基础。

　　振动台运行时通过液压作动器提供作用力，液压作动器的反力作用在反力基础上，反力基础支撑着整个振动台系统。如果振动台基础振动过大，将影响振动台的运行精度，且可能对实验室工作人员舒适性造成一定的影响，甚至危害到周围建筑物的安全性和其他实验设备的正常使用，因此，基础振动控制的设计尤为重要。根据本案例的特点，本案例采取钢弹簧隔振措施对振动台反力基础进行振动控制。

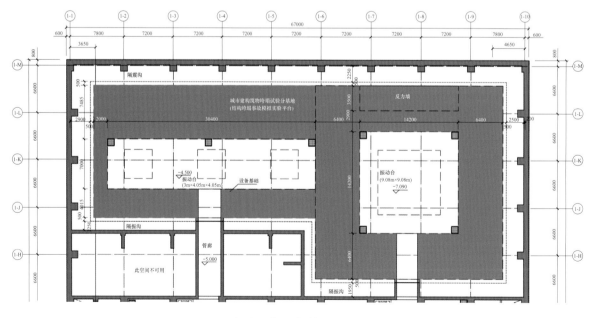

● 实验平台反力基础平面图

9m×9m 振动台采用超大型多重过约束结构振动系统，系统采用 8-6-6 正交布置，系统集成 20 套作动器，其中包括竖向作动器 8 套、水平两个方向作动器各 6 套；4m×4m 移动台三台阵系统，单个振动台的作动器采用 4-2-2 布置，即竖向作动器 4 套、水平两个方向作动器各 2 套。

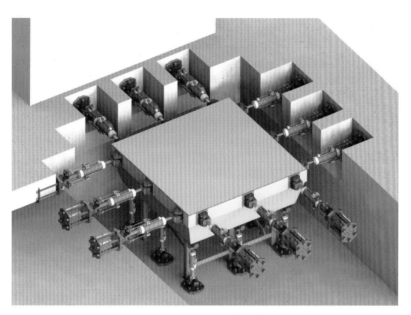

● 9m×9m 振动台系统示意图

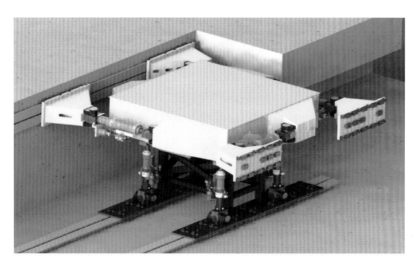

● 4m×4m 振动台系统示意图

案例难点

（1）台阵数量较多，反力基础质量大。为满足桩基础单桩承载力的要求，需布置足够数量的隔振支座，另外基础截面不规则，导致隔振支座受力不均匀，实际计算后可知方案中 167 个隔振支座受力均不相同，其中最大承载力为 3241.08kN，最小承载力为 394.42kN。

（2）基础截面变形较大，属异形结构，振动控制难度较大。振动台反力基础截面变形较大，在平面和立面上均为"L"形，且反力基础为长条形，反力基础沿长度方向刚度较小，导致反力基础扭转振型明显且振型频率较为集中，并且主要振型频率均在振动台运行频段内，振动控制难度较大。

（3）振动台运动工况多计算量大。9m 振动台与 4m 振动台的振动方向均包括水平单向振动、垂直单向振动及水平、垂直双向同相位振动三种工况。

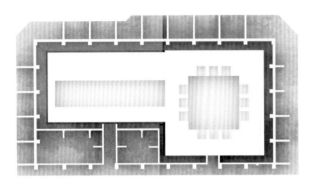

- 反力基础俯视三维示意图

- 反力基础剖面三维示意图

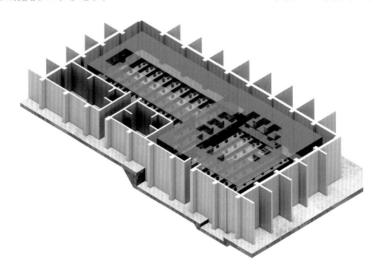

- 反力基础轴测三维示意图

设计思路

本案例采用"内隔外抗"的设计思路，即内基础（振动台反力基础）采用钢弹簧隔振体系，外基础采用桩筏基础、地下连续墙与挡土墙相结合的设计思路。在振动台反力基础与结构筏板之间设置隔振层，隔振器采用钢弹簧，共布置隔振器160组。

通过隔振器的弹性变形和阻尼消耗能量减少振动台运行时传递到筏板的振动，外基础则通过布置桩筏基础、地下连续墙和挡土墙提高整体性，增加外基础刚度以降低动力响应。

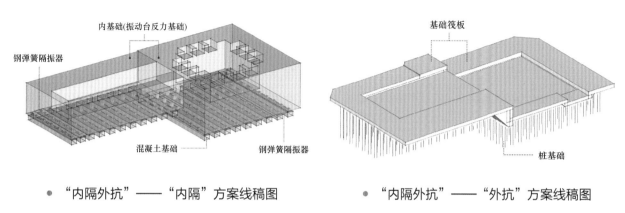

● "内隔外抗"——"内隔"方案线稿图　　　● "内隔外抗"——"外抗"方案线稿图

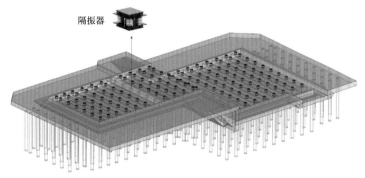

● 钢弹簧隔振器布置示意图

案例结论

（1）内基础振动台不同振动方向各频率范围内基础三向最大加速度与最大位移均能满足限值要求；

（2）隔振后外基础振动响应满足指标要求；

（3）隔振器在设防地震作用下隔振器最大压缩量、X 向、Y 向最大变形、水平变形均满足隔振器变形要求。

某大学引力波工程基础
微振动控制

📖 案例概况

本案例总建筑面积 14874.95m²，其中地上建筑面积 10908.92m²，地下建筑面积 3966.03m²。主要建设内容为新建引力波原型机实验室（"C"字形）、综合楼（"一"字形），以上两部分通过连廊连接。引力波原型机实验室建筑抗震设防烈度为 8 度，综合楼抗震设防烈度为 6 度。

引力波原型机实验室位于用地北侧，局部单层与地下贯通为半地下室，钢筋混凝土框架结构，主要功能为实验室及相关用房。综合楼地上建筑主体四层、地下一层，钢筋混凝土框架结构。主要功能如下：地下一层为百级洁净室、千级洁净室，一层为万级洁净室，二层为万级洁净室，三层为普通实验室，四层为科研用房。

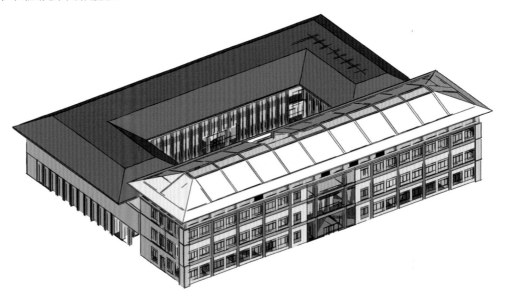

● 引力波原型机实验室手稿图

隔振需求

引力波探测原型机试验大厅振动容许标准：负载情况下 VC-E；参考图纸，备件存放区、卫生间为非洁净区，经过缓冲通道、风淋室后进入洁净区。

综合楼地下一层右上千级洁净室做独立隔振地基，振动容许标准：负载情况下 VC-D。

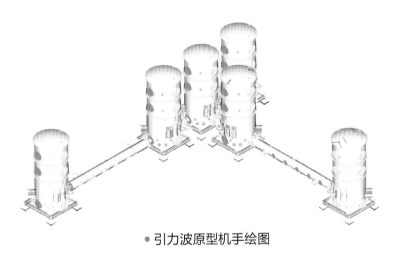

• 引力波原型机手绘图

振动系统概述

（1）振动源。根据案例场地所处区域的自然地理、周边道路交通环境以及建筑设计图，本案例主要振源可分为外部振源与内部振源两类。其中外部振源包括场地地脉动以及临近道路车辆行驶振动，内部振源主要为动力设备与管道系统产生的振动。此外建筑整体的微沉降与微倾斜也会对引力波原型机的正常使用产生影响，该类问题也是防微振设计的重要内容。

（2）传播路径。外部振动的传递路径为土层→建筑基础→原型机基础→原型机，不同土层及场地土与建筑基础的交界面会对振动产生部分反射和折射，有利于减少振动的传递能量。

内部振动的传递路径为动力设备→支撑、悬挂系统→建筑结构→原型机基础→原型机，对于动力设备及管道产生的高频振动，如果动力设备及管道系统与建筑结构间采用刚性支撑或吊装连接，极易导致振动的放大，并且建筑内梁、板、柱等结构本身的固有频率也在振源的频率范围内，振动传递过程中部分振动频率可能有所放大，因此需要对动力设备及管道系统进行减隔振处理。

（3）振敏设备。本案例的振敏设备为引力波原型机，具有极严格的振动工艺指标。由于引力波效应极其微弱，极易被外界的各种噪声湮没，为了使引力波探测器有效工作，必须严格控制振动和噪声。这不仅对其自身的减振系统工艺要求严苛，对引力波设备所处环境也有严格的要求，主要控制对象为建筑的不均匀沉降与倾斜、设备的振动环境与设备基础的整体性和相对刚性等方面。本案例采用桩筏基础＋复合地基处理的手段降低微振动、微沉降影响，同时振敏设备处设置大体积惰性块基础，起到减振耗能作用。

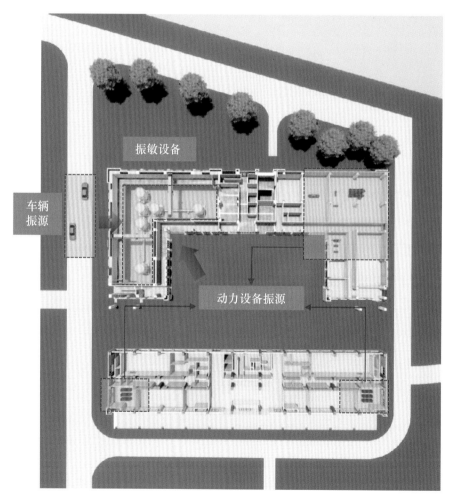

● 引力波原实验楼周边振动系统平面布局图

设计思路

建筑工艺布局

（1）避让原则：对于已有振敏设备，当附近有其他振源时，宜使振源选址远离振敏设备位置。同理，对于已有振源环境，当附近有新增振敏设备时，宜使振敏设备案例选址远离振源环境。

（2）空间上合理布局：一是针对振源采取的主动减振措施；二是针对传递路径设置切断或减弱振动传播的屏障；三是针对振敏设备采用各种振动控制技术。

（3）时间上设置多道防线：针对振源、传递路径和振敏设备，应进行整体的振动环境历史评估和发展预测。根据分析结果，使各种振动控制技术具有一定的振动控制能力时效性。

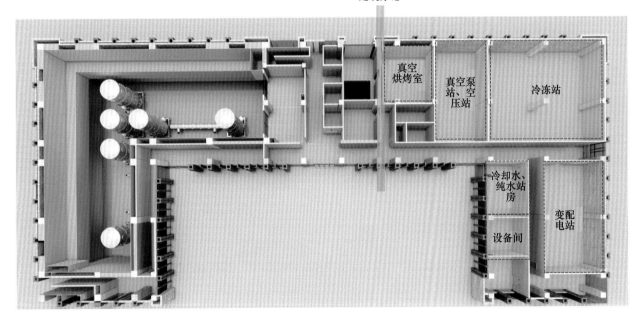

● 其他动力设备间与引力波原型机空间示意俯视图

主体结构防微振设计思路

针对主体结构的防微振设计提出四种方案，对各方案进行优化对比，并选出最优控制方案。

方案一：将引力波原型机放置在结构筏板上。结构筏板厚 3m，混凝土强度等级为 C30，地下室区域采用防水混凝土，设计抗渗等级为 P8。

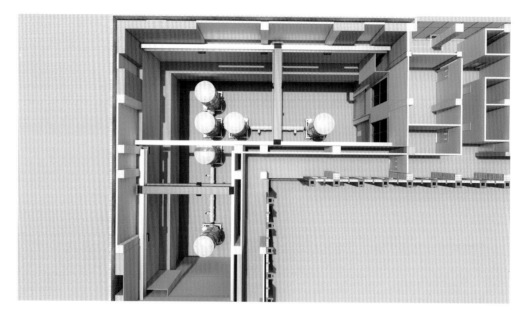

● 方案一俯视示意图

● 方案一三维示意图

　　方案二： 为减少邻近动力设备对引力波原型机的影响，且考虑便于施工、耐久性好以及造价低的原则，将原结构筏板进行区域划分，使原型机底部区域筏板与原结构筏板脱开，挖设 0.15m 宽、3m 深的隔振沟（与原结构筏板深度一致），隔振沟可进行填充泡沫等材料，并满足洁净要求。筏板断开后需在隔振沟顶部设置盖板，盖板设计应密封性好，并将各区域筏板四周进行全面的防水处理。

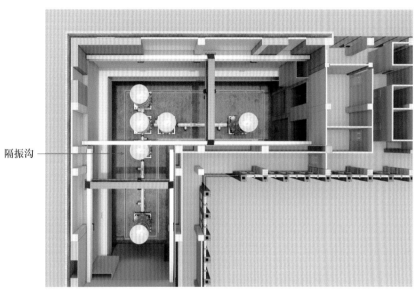

● 方案二俯视示意图

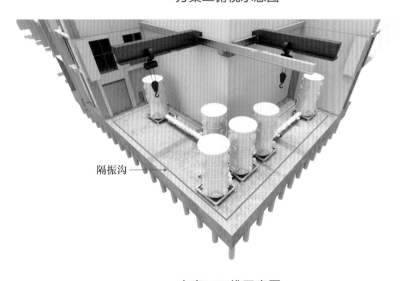

● 方案二三维示意图

方案三：该方案优化实验楼原筏板厚度，由 3m 厚优化为 2m。原型机底部增加一体化大体积混凝土基础进行隔振，基础高度暂定 2m，为方便操作，将大体积混凝土基础与结构筏板之间的高差浇筑混凝土台阶。

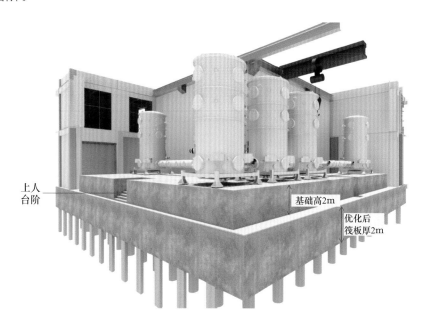

上人台阶

基础高2m

优化后筏板厚2m

• 方案三三维示意图

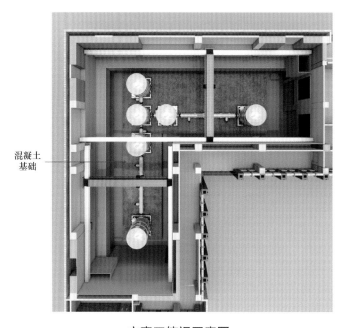

混凝土基础

• 方案三俯视示意图

方案四：将原型机底部筏板区域下沉，形成"凹"字形，在下凹基础坑内浇筑大体积混凝土基础，原型机置于大体积混凝土基础上。为确保原型机与周边振动完全隔离，将设备基础与筏板、设备基础与建筑面层之间留有空隙，并在顶部设置盖板保护人员安全。为方便施工以及后期维护，设置人孔，人员可从原型机实验室下至设备基础底部。考虑节省工程造价，且需保证防微振效果，该方案优化实验楼原筏板厚度，由 3m 厚优化为 1m。

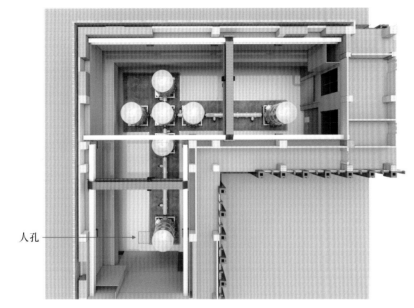

● 方案四俯视示意图

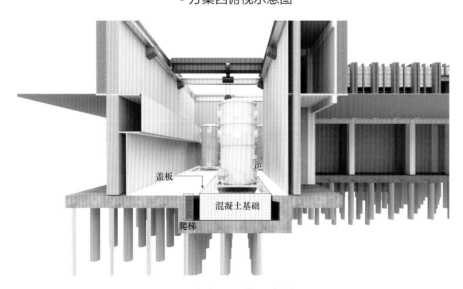

● 方案四三维示意图

案例结论

为了便于比较，将四种方案振动响应放在一起进行对比，见下表。方案四是在方案一的基础上，提出的更加优化的方案，并具有如下优点：

（1）混凝土用量最少，工程造价低；

（2）基础结构刚度最高，振动控制效果最优；

（3）基础筏板与大体积混凝土基础之间设隔振沟，当场地周边存在临时振源或场地振动环境恶化时，能够有效减少振动对引力波基础的影响，有较好的振动控制安全余量。

方案类别	效果图	案例	数量	单位	备注
方案一 （基础筏板）		混凝土体积	2430	m³	施工较便捷、隔振效果较好
		竖向一阶振动频率	25.7	Hz	
		振动等级	VC-D	—	
方案二 （基础筏板设隔振沟）		混凝土体积	2380	m³	需考虑隔振沟洁净、防水等做法
		竖向一阶振动频率	24.07	Hz	
		振动等级	VC-D	—	
方案三 （基础筏板上增设大体积混凝土基础）		混凝土体积	2630	m³	混凝土用量较多
		竖向一阶振动频率	24.09	Hz	
		振动等级	VC-D	—	
方案四 （基础筏板＋隔振沟＋大体积混凝土基础）		混凝土体积	1650	m³	混凝土用量少、隔振效果较好
		竖向一阶振动频率	29.02	Hz	
		振动等级	VC-E	—	

本案例通过模型试验分析研究引力波原型机基础的动力特性及其在环境振动及路面交通影响下的振动响应情况，提供基础的抗微振性能，综合验证方案设计有效性。

缩尺模型试验包括以下工况：模态动力特性；环境振动影响；路面交通影响。

整体试验模型配图如下：

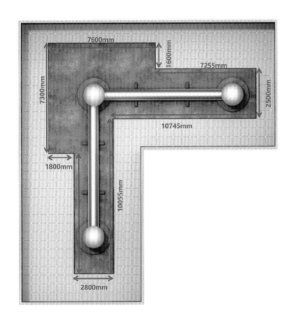

• 模型试验尺寸图

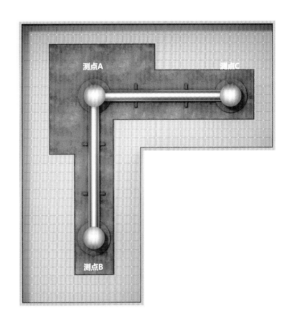

• 模型试验测点布置方案图

• 模型试验整体效果图

某光源项目模型试验及微振动特性分析

案例概况

某光源拟建项目规划用地面积约 639550m², 拟建场地长约 800m, 宽约 640m。本试验项目主要为未来建设真实光源项目做详细设计支撑, 由于目前新光源的详细设计方案尚未形成, 在概念设计方案基础上, 本项目参考国内已建光源项目的基本工艺进行理解和说明。

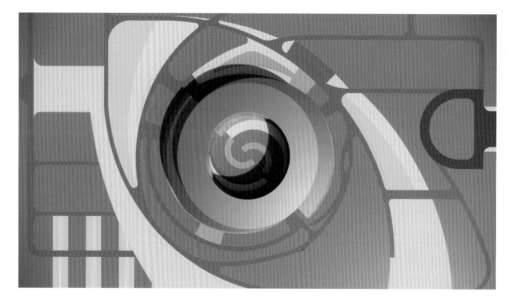

● 拟建园区俯视图

案例目的

通过测试, 掌握在本项目建设场地的振动水平和衰减规律。

通过仿真分析, 确定基础和上部结构设计参数。

通过模型试验, 得出适合本场地的基础设计参数。

通过基础和基础上部结构共同作用模型试验, 得出在多种载荷工况下, 基础的微振动特性。

设计思路

通过微振动场地测试和模型试验，对本项目进行微振动特性分析，提出整体微振动控制桩基基础设计方案，以保证光源项目投入使用后不会受到环境微振动的影响，确保其运行环境在控制指标之内。

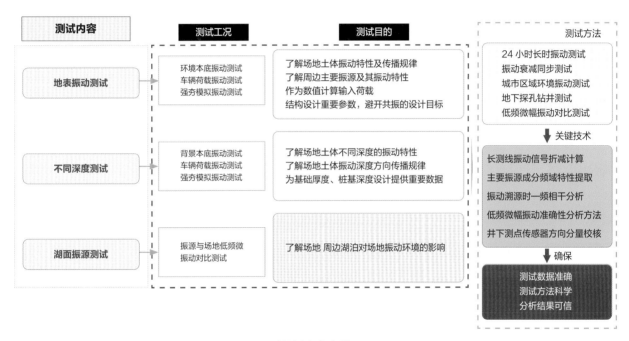

● 总体技术路线图

本项目场地测试和"1-2-12"方针模型试验方案具体如下

（1）关于场地测试。选用两处原场场地，一处常时监测，一处校准测量。测试原场场地尺寸要满足最大尺寸≥100m，其中，每处场地设置水平测线各2条、竖向开井设置1条测线；同时2处场地设置地表关键部位考核点若干（根据现场实际情况来定）。测试工况激励源包括夜间本底、白天平稳性随机振动、车辆（3类）、锤击、水域、动力设备激励等，测试目标为获取地表土体动力特性和环境振动水平规律。

公寓第13层建筑房间振动与二次辐射噪声控制评估方案信息表											
控制标准：室内振动《城市区域环境振动标准》白天75dB，夜晚72dB；二次辐射噪声《城市轨道交通引起建筑物振动与二次辐射噪声限值及其测量方法标准》，38dB（A）											
编号	高铁运行建筑振动危害控制评估（dB）								二次辐射噪声影响控制评估（dB）		
	无措施振动		振动超标评估		采取措施后		提升量级	选型级别	无措施评估	超标评估	采取措施后
	白天	夜晚	白天	夜晚	白天	夜晚	综合	综合	全天候	全天候	全天候
1#	75.75	72.72	+0.75	+0.72	72.75	69.72	3	N	41.74	+3.74	38.74
2#	76.56	73.37	+1.56	+1.37	73.56	70.37	3	N	29.44	—	—
3#	75.26	71.90	+0.26	—	72.26	68.90	3	N	38.28	+0.28	35.28
4#	69.88	66.36	—	—	—	—	—	—	31.24	—	—
5#	71.47	67.79	—	—	—	—	—	—	30.88	—	—
6#	72.39	68.54	—	—	—	—	—	—	29.90	—	—
7#	72.37	68.36	—	—	—	—	—	—	36.29	—	—
8#	74.06	69.89	—	—	—	—	—	—	35.12	—	—
9#	77.98	73.64	+2.98	+1.64	74.98	70.64	3	N	17.60	—	—
10#	70.01	65.51	—	—	—	—	—	—	35.11	—	—
11#	70.58	65.98	—	—	—	—	—	—	19.84	—	—
12#	68.21	63.51	—	—	—	—	—	—	33.88	—	—
13#	71.77	66.97	—	—	—	—	—	—	37.54	—	—
14#	76.70	71.80	+1.7	—	73.70	68.80	3	N	40.41	+2.41	37.41
15#	77.28	72.28	+2.28	+0.28	74.28	69.28	3	N	40.07	+2.07	37.07
16#	78.33	73.43	+3.33	+1.43	73.33	68.43	5	H	20.29	—	—
17#	75.82	71.02	+0.82	—	72.82	68.02	3	N	30.22	—	—
18#	74.49	69.79	—	—	—	—	—	—	33.78	—	—
19#	77.81	73.21	+2.81	+1.21	74.81	70.21	3	N	31.94	—	—
20#	73.58	69.08	—	—	—	—	—	—	33.23	—	—
21#	77.98	73.78	+2.98	+1.78	74.98	70.78	3	N	17.60	—	—
22#	72.96	69.06	—	—	—	—	—	—	31.52	—	—
23#	80.57	76.97	+5.57	+4.97	74.57	70.97	6	R	18.31	—	—
24#	78.35	75.05	+3.35	+3.05	73.35	70.05	5	H	18.87	—	—

● 测点位置示意图

（2）关于桩基试验。桩基试验选用两种桩基，螺旋钻孔桩和 CFG 桩，桩基采用比例 1:1 设置试验模型桩，其中对于每一类桩，单桩独立设置 2（相距 > 30m），群桩设置 6 根（相距按照经验图纸桩距取值）。测试工况激励源包括夜间本底、白天平稳性随机振动、车辆（1、2、3 类）、锤击、水域、动力设备激励等，测试目标为获取桩基动力特性和抑振水平规律。

根据本项目微振动控制要求，基础设计可分为两种类型，即混凝土筏板基础和桩筏基础。光源等效基础模型包括整圆环基础、1/3 圆环基础及 1/12 圆环基础，筏板厚度设计为 1.4m、1.6m、2.0m、2.4m，桩基直径设计为 1m。

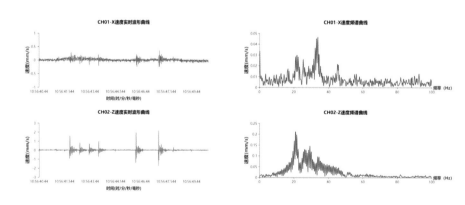

● 等效基础试验模型图

缩尺模型测试。即根据所有光源设计需求信息基础上，选择一块等效场地，按照1:10 的缩尺比，建立 1 个 360° 整体圆环体基础实验模型，2 个 180° 半圆环体基础试验模型，12 个 60° 圆弧体基础实验模型。测试工况中边界条件包括自由、约束两种，基础附加结构条件包括含桩基、含维护结构两种，激励源包括夜间本底、白天平稳性随机振动、车辆（1、2、3 类）、锤击、水域、动力设备激励等，测试目标为获取桩基动力特性和抑振水平规律。

● 缩尺模型三维示意图

本次模型试验基础为主要研究对象，试验时上部结构主要以缩尺等效维护结构简易模型 + 配重为主来模拟。光源基础缩尺模型方案主要包括以下几类：

（1）按光源基础外形分为两类：1/6 圆模型、1/2 圆模型、整圆模型。

● 1/6 圆模型　　　　　● 1/2 圆模型　　　　　● 整圆模型

（2）按埋设基础形式分为独立基础无侧填土、独立基础侧边填土、桩基础无侧填土三类。

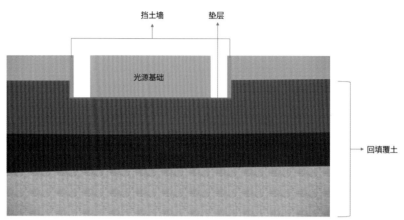

• 独立基础无侧填土

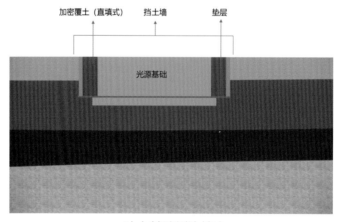

• 独立基础侧边填土

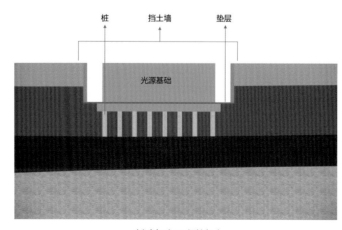

• 桩基础无侧填土

（3）按基础分层浇筑方式分为100%C30混凝土、80%C30混凝土+20%加刚土层、60%C30混凝土+20%纤维混凝土+20%加刚土层三类。

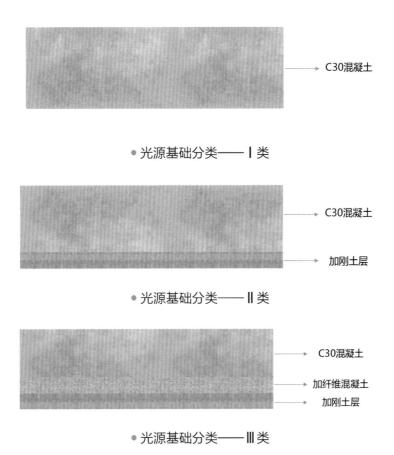

• 光源基础分类——Ⅰ类

• 光源基础分类——Ⅱ类

• 光源基础分类——Ⅲ类

案例结论

本案例包括整圆基础模型、1/2圆基础模型、1/6圆基础模型，模型的基础形式包括无桩型、有桩型，填土型和未填土型。受到的激励形式包括本地常时微振激励、三种车辆荷载激励、等效强夯激励和其他突发情况激励。

对于不同激励荷载工况下试验结果的分析所采用的评价标准和计算方式有所不同，但相同点是都需要对数据进行时间域和频率域数据分析，通过时程曲线、反应谱、功率谱，得到结构相应测点处的位移、速度和加速度响应。依照预先设定的工况类型（侧线、近振源点、关键精密设备放置区等），作出相应的图线类型（传递函数曲线、VC曲线等）。通过和相应的标准进行对比，得到可判断振动响应影响程度的结论。

板块五　文物及古建筑减振抗震

某博物馆文物大佛防施工微振动控制

某博物馆库区浮筑地板隔振

某博物馆文物大佛防施工
微振动控制

案例概况

　　某博物馆旁将建一新馆，在施工过程中将产生大量的施工振动，而新馆距离两尊石佛像和菩萨佛像仅约35m，施工过程中大量护坡桩直接延伸至石佛像底部。新馆建设施工过程中有大量的施工机械作业，将产生复杂的多源工程振动，从测试数据和以往经验看，该振动持续时间较长、频段覆盖较宽、幅域跨度较大，将会对既有博物馆内的重要文物造成危害，尤其是对高耸型、大质量、有残损的大型石质佛像振动危害性巨大。

　　2015年和2017年，文物相关研究院专门对文物破损情况进行了勘测，并对文物开展了弹性波测试、探伤测试等工作。石佛造像和菩萨造像经过历史的洗礼和数次搬运，已经出现了大量的破损。

　　菩萨造像探伤结果显示头部内有一根木柱与造像颈部相连，说明头部是后镶嵌的，且左手手腕与左手之间由钢筋连接，说明左手也是后期进行修复镶嵌的。两尊石佛像探伤结果中佛像手指内均有钢筋出现。

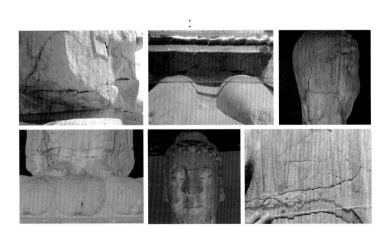

● 文物现状照片

设计思路

在进行佛像振动控制改造前，用超声探测、X 光探测、表面病害测量测绘等技术手段对佛像现有的内外病害进行评估分析，通过对佛像文物本体的残损状态及现有物理特征做出分析，以便更合理地开展佛像振动控制施工工作。同时对佛像在受振动危害影响前的安全状态进行评估分析，使佛像振动控制改造的目标更加明确。

对于佛像文物的减振设计思路，首先对石佛像底部的混凝土楼板及下部圆柱进行切割，采用型钢框架支撑结构体系对石佛像承重基础进行替换，在框架上部安装空气弹簧减振器。切割前，底部框架应先施工完毕后将空气弹簧安装就位，并按设计要求供应压缩空气，使各个空气弹簧充分受力。此外，再在适当位置采用千斤顶辅助，也应确保各千斤顶充分受力。同时，在楼板上部还需将佛像防护脚手架搭设好。一切准备工作就绪后，可开始切割工作。切割过程中，随时检查空气弹簧、千斤顶的受力情况及佛像各监测点的变化情况，一旦出现异常情况，应立即停止施工作业，把异常点排除后才能再次进行施工。

楼板切割完毕，应再次对各关键点进行检查。若无异常情况，可对承重柱进行切割作业。承重柱切割时，四根柱子切割位置尽量不要在同一水平面。切割完成后，检查各关键点的受力情况，并复核佛像沉降情况，若一切正常，则有序对各千斤顶进行卸载。卸载过程中，一定要确保共同工作，并尽可能控制卸载速度。

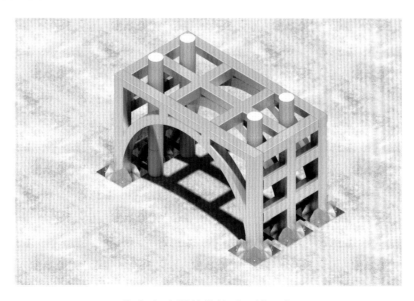

● 型钢框架支撑结构体系三维示意图一

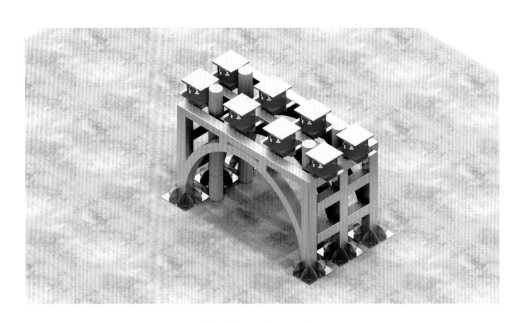

● 型钢框架减隔振体系三维示意图二

佛像防破损、防倾覆防护设计思路

为防止佛像在改造施工时发生倾覆,拟采用双层防护。第一层防护在佛面外侧采用型钢顺着佛像外沿搭接成网格型骨架。型钢构件在拼装焊接时应对佛像采取防火毯覆盖保护措施,以免焊接焊渣和高温对佛像造成损害。该型钢网格骨架可对佛像进行硬质防护。

第二层防护在型钢网架外侧采用不锈钢管沿佛像外沿搭设成梯形轮廓的脚手架,钢管和型钢网架有效连接成一个整体的防护体系。该防护体系可有效地防止佛像在改造过程发生倾覆的现象。

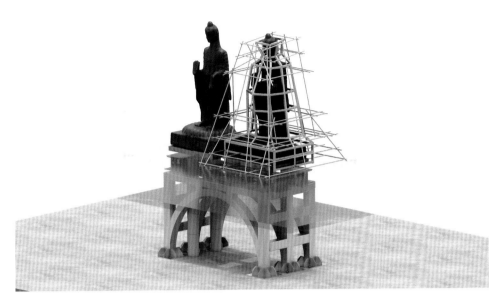

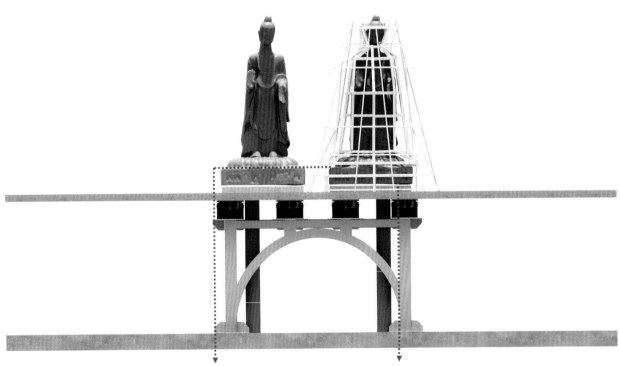

● 佛像防破损 、 防倾覆防护方案三维示意图

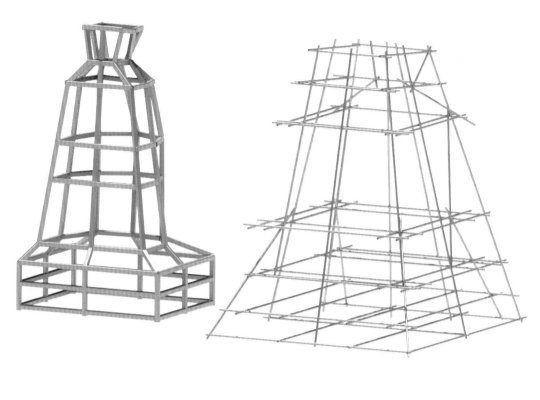

● 一层防护 　　　　　　　　　　　　　● 二层防护

佛像防坠物打击防护方案

由于佛像所在馆周边建设新馆，新馆在建设过程中不可避免存在爆破、大型施工机械强夯、碾压、冲击等工程振动。为防止佛像上部文物馆顶棚在受到周边振动影响时产生坠物，对佛像造成打击损坏，应在佛像上部搭建安全防护棚。可利用防倾覆第二层防护，在佛像顶部顶层脚手架顶面铺设硬质防护木板，作为防护棚。

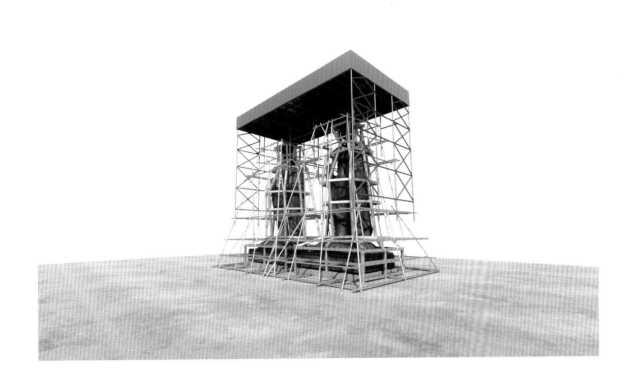

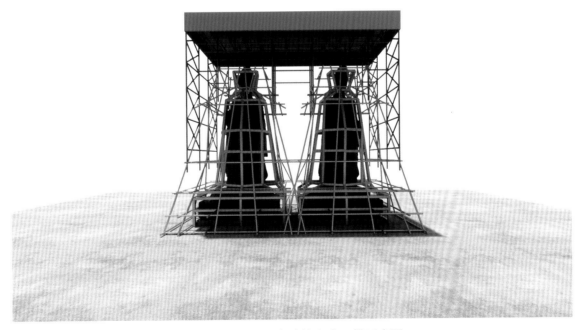

● 佛像防坠物打击防护方案三维示意图

某博物馆库区浮筑地板隔振

案例概况

　　某博物馆东馆定位为智慧型综合博物馆，集收藏保管、开放式展陈、科学研究、社会教育、文保修复等功能于一体，总建筑面积 9.7 万 m^2，抗震设防标准：8 度（0.3g）。

　　因馆内珍贵文物众多，出于对文物保护的角度考虑，需要对馆内部分功能性用房（藏品库、周转库、礼品代管库等库区）采取局部的减隔振措施，拟采用浮筑地板的隔振方案进行处理。

●博物馆效果图

设计思路

根据业主方设计需求，所需处理区域主要分为三大部分：地下一层的石刻库、复制品库、征集周转库、临展周转库（总体面积：1479.35m²）；首层的拓片库、家居库、杂项库、近现代库（总体面积：937.06m²）；夹层的礼品库、民俗库、征集周转库、总账周转库、库房（总体面积：931.26m²）。预计处理区域总面积为3347.67m²。

需处理区域配图：

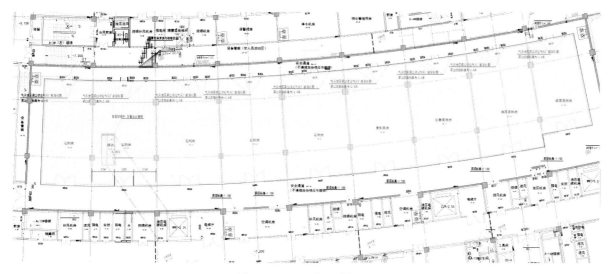

● 地下一层需隔振区域平面图

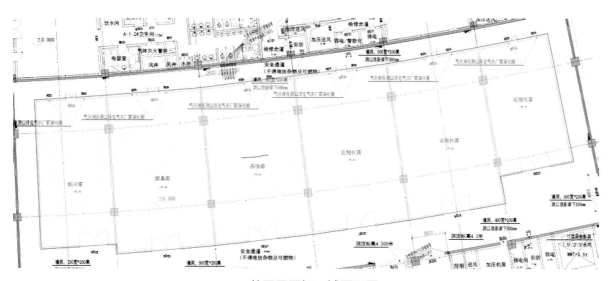

● 首层需隔振区域平面图

● 夹层需隔振区域平面图

📖 施工流程

● 步骤 1：隔声材料填充

● 步骤 2：减振垫板铺设

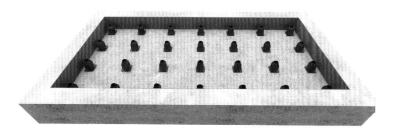

• 步骤 3：弹簧隔振器布置

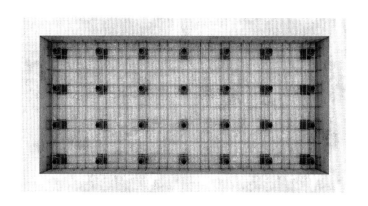

• 步骤 4：钢筋绑扎

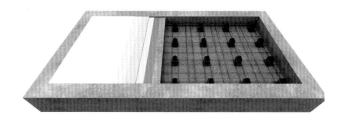

• 步骤 5：填充、封层

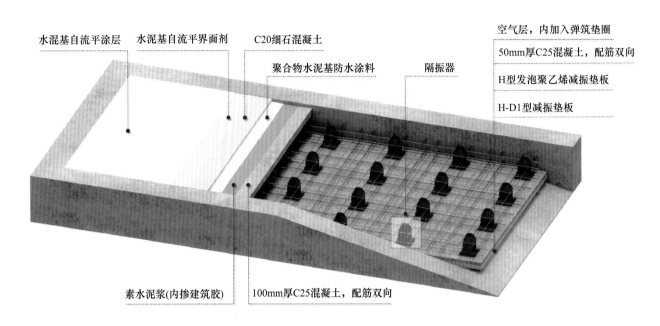

水混基自流平涂层　水泥基自流平界面剂　C20细石混凝土　　聚合物水泥基防水涂料　　隔振器

空气层，内加入弹筑垫圈

50mm厚C25混凝土，配筋双向

H型发泡聚乙烯减振垫板

H-D1型减振垫板

素水泥浆(内掺建筑胶)　　100mm厚C25混凝土，配筋双向

● 浮筑地板整体方案效果图

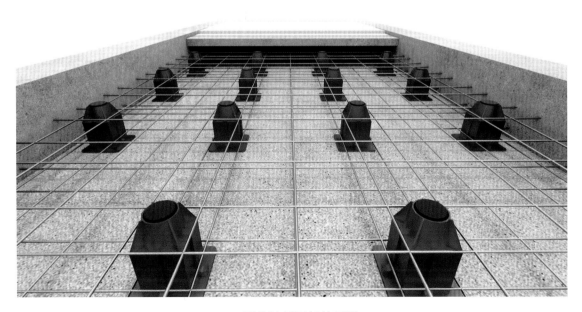

● 浮筑地板局部效果图